L E S S

I **< = >** S

M O R E

[日]

本田直之 著

李雨潭 译

北欧自由生活意见

少即是多

新版

重庆出版集团 重庆出版社

LESS IS MORE
少即是多

Ludwig Mies Van der Rohe
路德维希·密斯·凡德罗
1886 年 3 月 27 日 — 1969 年 8 月 17 日

德国建筑师，
著名的现代主义建筑大师之一，
与弗兰克·劳埃德·赖特、勒·柯布西耶、瓦尔特·格罗皮乌斯
并称为四大现代主义建筑大师。
凡德罗坚持"少即是多"的建筑设计哲学，
在处理手法上主张流动空间的新概念。

L　　　　　E　　　　　　　　S　　　　　　　　S

序言

< 为什么
= 生活富足的日本人
> 并不觉得自己幸福

I　　　　　　　　　　　　　　　　　　　　S

M　　　　　O　　　　　R　　　　　E

近几年来，很多调研机构都发布过世界幸福指数排行榜。在盖洛普公布的2010年度"世界幸福指数调查"中，日本的国民幸福指数居全球第81位，而雄踞幸福指数排行榜前四位的（即丹麦、芬兰、挪威、瑞典）都是北欧国家。

北欧国家的国民缴纳的税金及社会保险金几乎占到其收入的六到七成，国民拿到手的实际可支配现金并不多，但他们的幸福指数全都居于世界幸福指数排行榜的前列。

相反，日本的国民负担率才百分之四十左右，国民可自由支配的现金非常充裕，市场上形形色色的商品种类繁多。相对富有的日本人为何很难感觉到幸福？我想原因就在于他们信奉美式的物质至上主义，而这样的价值观是与幸福感水火不容的。

2005年，日本经济再次跌入泡沫时期，从那时候开始，我对于日本人所持的幸福观便产生了违和感。当时，我刚刚尝试往来于东京和夏威夷之间的"双城生活"，一有闲暇便思考这种违和感是如何产生的（顺便说一下，据盖洛普2011年度"全美幸福指数调查"显示，夏威夷是幸福指数排名第一的州）。

从2007年起，我真正开始实践双城生活，每年除了在夏威夷居住，我还会去新西兰、澳大利亚等幸福指数排名靠前的国家生活一段时间。我发现，如果人们依然用过时的价值观构建自己的生活方式，他们就会很难懂得幸福的真谛。

新西兰、澳大利亚、夏威夷……虽然这些国家和地区的人们生活简朴，却十分幸福，而在物质高度发达的日本，人们却很难感受到快乐……我去这些国家和地区的次数越多，回到日本后就感到反差越大。

就个人而言，其实我对物质的占有欲——比如买一部名车等——一点儿也不强烈。在刚刚开始双城生活的时候，我还在想是不是只有我一个人对日本人所持的幸福观有违和感，是不是因为夏威夷的价值观和其他地方的不一样，我才会有这样的感觉，但后来我发现事实并非如此。

让我对自己的感觉不再怀疑的决定性因素是2007年的美国次贷危机。据有关资料显示，近几十年来，美国人的住房面积以每十年增加20%的速度不断扩大（《消费转变》，约翰·吉泽玛、迈克尔·德安东尼奥著，有贺裕子译，总统出版社）。为了填满宽敞的空间，人们的内心涌动着购物的冲动，结果使得家中家具、家电、服装、首饰以及玩具等物品的数量急剧增加，私家车的更新速度不断加快。

这些都是通过贷款即负债行为构建起来的幸福。随着次级抵押贷款机构的破产，房地产的神话也随之破灭，曾经的幸福不仅不复存在，甚至成了不幸的枷锁。那些标榜富裕生活的东西，不过是空架子罢了，作为不幸的佐证倒是再好不过。

这样的生活方式完全建立在一个大前提之下，那就是相信自己一直会有稳定的收入，而整个家庭所拥有的资产也会持续不断地增值。

在新西兰、澳大利亚、夏威夷等国家和地区，虽然物品种类相对单一，当地人的生活也很单调，但他们可以享受大自然的恩惠和各种各样的户外体验，不会被物质和金钱摆布。他们将生活的重点转移到精神享受与亲身体验之上。我越来越确信，这些看上去朴素无华的生活其实静水流深，简朴之中有着更为丰富的内涵。

< "Less is more（少即是多）"是一个代表时代潮流的标语 >

"Less is more（少即是多）"是德国建筑大师路德维希·密斯·凡德罗的名言。路德维希·密斯·凡德罗是与弗兰克·劳埃德·赖特、勒·柯布西耶、瓦尔特·格罗皮乌斯齐名的20世纪中期全球最著名的现代主义建筑大师，"Less is more"是他的建筑设计哲学。在我看来,"少即是多"这一主张,也正是现代人所苦苦寻觅的幸福良方。

我们从现在热销的商品中就可以看出端倪。譬如iPhone,即使不看使用说明书,普通人也能够轻松操作。它的整个设计没有键盘、按钮之类的多余部件,外观设计、基本功能全都一目了然。iPhone诞生之前的那些手机,功能都很复杂,操作也很烦琐,还附带超厚的使用说明书。iPhone之所以能够风靡全球,不过是顺应了时代潮流而已。

凡德罗曾说,与增加装饰相比,进行简化更为困难。这个观点套用在生活方式上也一样成立。

在过去,人们拼命工作,大肆挥霍挣来的金钱,很少考虑细致的问题,因为那时候人们相信,买到商家通过平面广告和电视广告宣传的东西越多便越幸福。

如果想对生活进行简化,你就必须认真思考自己的生活乃至人生。重要的是简化生活要通过我们自己的意志来主动选择。只有对随身之物也进行精简,我们才更有动力去追求富有效率的生活。

其实,日本人原本抱持的就是简朴的观念,但是经历了经济高速增长期以后，受物质至上主义的影响，人们的观念才逐渐发生了改变。

所谓物质至上主义，换句话说，就是生活中除了被房子、车子束缚以外，还受到其他物品和场所制约的一种生活方式。

我们要从物质的束缚中解脱出来，自由自在地生活。

为了更好地享受生活，我认为"Less is more（少即是多）"是一种非常重要的人生哲学。

在当今这个时代，如果我们仍然坚持追求关于幸福的旧式价值观，就不可能得到快乐。

当然，有些人会在事业上取得成功，但是，即使拼命工作，不断地获得升职和加薪，有能力购买自己心仪的东西，还是找不到幸福的感觉。现在处于这种状态的日本人越来越多，所以才会出现我在开篇提到的"日本人的幸福指数居全球第81位"的情况。

前面说到的次贷危机虽然发生在美国，但当时的日本也未能幸免于难。降薪裁员，公司倒闭，原本一切安好的人生瞬间轰然倒塌……这些是现在的每个日本人都可能遭遇的问题，我们必须注意到这样的事实。

<为了得到幸福而必须做的事>

正如我在2005年所感受到的那样,为了购买最流行的时装和时尚品牌,或是汽车、房子,越来越多的人不得不忍受超长路程和超长时间的通勤,从事高强度、高压力的工作,应付复杂的人际关系,并对这些境况有着强烈的违和感。

与此同时,一个不在乎物质,被称为"草食族"的群体出现了,他们开始引领崭新的潮流。像我这样住在自己喜欢的地方,自由自在地工作,选择双城生活方式也是顺应这一潮流的表现。

我们不要因为受广告、宣传等商业营销手段的影响而去刻意迎合任何生活方式,而应主动甄选出对自己来说最为重要的东西,仔细思考什么是真正的幸福。一切皆由自己来选择,这才是幸福的关键。

关于个人的幸福也是如此。即使你开始创业或是从事营销工作,如果你所抱持的陈旧的幸福观不发生改变,你就不可能获得幸福。

这种关于幸福的全新价值观的重要之处在于,它表面上看起来非常朴素，内涵却相当丰富。我们要根据具体的现实生活情况，灵活地调整自己的收入来源、生活方式和商业模式，即建立一个既自由自在又具有弹性的简单生活模式。

为了印证自己的想法，我特意前往丹麦、瑞典、芬兰等幸福指数排名靠前的北欧国家，与二十几位当地居民就幸福的话题进行了探讨。本书就是在整合这些采访的基础上，对如何获得幸福的生活所做的全新思考。

实现自由生活"新幸福"的十个条件具体都包括哪些内容？

经济富足的日本在幸福指数排行榜上的排名为何如此靠后？

若想获得自由的生活，我们需要做出哪些改变？

若想获得自由的生活，我们又必须舍弃哪些东西？

若想践行这种全新的生活方式，我们到底应该做些什么？

本书将针对以上问题一一给出答案。

最后，我诚挚地祝愿各位都能够确立这样的全新价值观，收获属于自己的幸福。

<本田直之＝于夏威夷>

目录

CHAPTER 1

抱持陈旧的价值观不会得到幸福

＜从物质中获得幸福的时代已经结束＞20

＜从加法时代来到减法时代＞23

＜北欧国家位居世界幸福指数排行榜榜首的原因＞26

＜日本如此富足,其国民幸福指数为何屈居第81位＞32

＜为什么要向"草食族"学习＞38

＜你得过"消费传染病"吗＞41

＜能够做好自我管理的人更容易提高幸福指数＞43

＜不被常识束缚,感受幸福需要自由＞46

＜尝试工作与生活泾渭分明的双城生活＞50

＜降低"满足感的阈值",只选择自己需要的东西＞54

＜"新幸福"的十个条件＞58

＜从"平衡工作与生活"到"开心工作,快乐生活"＞64

CHAPTER 2

要想自由地生活，就得做出改变

<从"厉行节约"到"主动选择简朴">70
<拥有金钱or拥有时间>72
<与其追逐地位的提升，不如追求自由>76
<与其在一流企业就职，不如从事自由职业>78
<与其一味推销，不如提供意见>81
<做不依赖任何平台、靠实力说话的人>83
<以愉悦的心态面对辛苦>85
<保持独立思考的能力>87
<小众市场具有更强的购买力>89
<比起短期的加薪，更应重视个人品牌的积累>92
<在咖啡馆、公园、健身房等场所办公>94
<借助生活方式这个共同语言拓展自己的世界>97
<比起短暂的大幸福，长久且可持续的"小确幸"更让人感到幸福>99
<在方便快捷的时代刻意追求一些"不便">103
<比起金钱，更重要的是精神层面的充实感>105
<提高工作效率，改变"重量不重质"的习惯>107
<从"以他人为中心"转变为"以自己为中心">110
<改变每天既定的生活模式，享受变化>113

CHAPTER 3

为了自由地生活,必须舍弃一些的东西

＜找到对自己来说最重要的东西＞118

＜不必为获得丰厚的津贴和福利而从事束缚重重的工作＞121

＜与其决定想做什么,不如决定不做什么＞123

＜与其囤积一堆赘物,不如轻装上阵＞126

＜与其延续惯性,不如重新设定＞129

＜生活在多元化时代,不必被他人的价值观所左右＞130

＜不必在意小世界对你的看法,应追求更广阔大环境的评价＞132

＜不要依赖金钱,而要多花心思＞134

＜不做"设备控"＞136

＜想要快乐工作,就必须最大限度地减少制约＞137

＜将空闲的时间用于提升自己的生活质量＞140

＜运动是让自己获得成长的最佳投资方式＞142

＜降低满足感的阈值,体味生活中的小惊喜＞144

CHAPTER 4

寻找全新的生活方式

<死守在一家公司，不如多创造几个"复业">150
<放弃高档住宅，享受双城生活>153
<通货紧缩的时代是向双城生活转型的绝佳时机>155
<工作与娱乐之间没有界限>158
<将工作方式与生活方式合二为一>160
<双城生活的实践心得>162
<用"游牧式的移动生活"来提高创造力>164
<调到国外去工作是一种全新的工作方式>167
<能不能把"喜欢做的事"当成工作>170
<幸福感强的人不容易生病>172
<幸福模式矩阵图>175
<减速生活：一个让人怦然心动的选择>178

L   E   S   S

I   S

M   O   R   E

CHAPTER 1

抱持陈旧的价值观不会得到幸福

＜从物质中获得幸福的时代已经结束

为了完成本书，我特意前往幸福指数位居排行榜前列的北欧国家，与二十几位各行各业的当地居民进行了交流，他们的很多想法都给我留下了深刻的印象。

每次采访，我都会问受访者一个相同的问题，那就是："你有什么想要的东西？"我问的是"东西"，但没有一个受访者告诉我他"想要什么东西"。

在他们的回答中，我几乎找不到任何和车子或房子相关的具体物品。他们的回答大多是"我希望家人健康""我希望我的朋友和我认识的人都能取得成功"等。

下面摘录几则受访者的回答。

我希望孩子们能有安定、美好的未来。我并不是为了能涨点工资、买栋大房子或者买一辆好车才去努力工作的。

——托马斯·弗罗斯特／丹麦／网页设计公司职员

我没有什么特别想要的东西。人一旦被欲望奴役，就会变得什么都想要，永远没有满足的时候。我只希望家人身体健康，希望自己在工作上能取得更大的进步。

——阿尔特·托努纳／芬兰／诺基亚公司职员

如果我对日本人提出这样的问题，会听到什么样的回答呢？毋庸置疑，时代不同，人们的回答各异，但我想以具体实物作答的人还是会相当多吧。

从北欧民众的回答中，我切实地感受到"通过物质获得幸福的时代已经结束"。

这是因为从物质中获得的幸福感是难以持续的。无论是"买了一块名贵的手表"，还是"买了一辆很贵的汽车"，人们在下单购物的那一刻确实能获得强烈的满足感，但这样的满足感很难长久地持续下去。"猎物"到手之后，很少有人会为此每天欢喜不已。

一年之中将近一半的时间，我会在夏威夷生活。此外，我每年都会去新西兰、澳大利亚等国家旅游。包括北欧国家在内的，世界上所有位于幸福指数排行榜前列的国家和地区，我几乎全部造访过。我渴望在这些国家和地区生活，理由是这些国家的国民普遍觉得，与物质带来的幸福感相比，他们更为珍视那些精神和体验带来的幸福感。

另一个很有意思的现象是，对于北欧人来说，"旅行是人生中非常重大的一个主题"。这和日本人所习惯的"购物式旅游"截然不同。北欧人对旅行意义的解释通常是"到陌生的街道上去走走""去海边进行海上运动"或是"到山里去亲近大自然"等活动可以沉淀为生活经验，构建个人的经历。

我想多出去旅行，旅行能让自己的世界变得开阔。如果总是待在同一个地方，生活难免会变得无趣。我认为"激发人不同的感觉"非常重要。

旅行对我来说，不只是到各大景点走马观花地随便逛逛，而是去体验当地的实际生活，这样我就可以从不同的视角去审视我们的文化。

——提姆·莫尼纳/芬兰/作家、翻译家

近几年来，旅游行业渐趋饱和，"去米兰购置衣服""去参观自由女神像"之类的旅游线路越来越难组团。以前，海外旅行尚未流行，那时日本人出国旅游一次便会兴奋不已，并经久陶醉其中，但是现在，小时候就去过好几次夏威夷的人比比皆是，大多数人都对出国旅游习以为常。

现在以潜水等海上运动为明确目的而来到夏威夷的旅游团很多，来夏威夷"参加檀香山马拉松比赛"或是"参加铁人三项大赛"之类的体验型旅游项目也逐渐增多。

这和经济高速增长期时大家渴望拥有更多物质的情形是不是非常相似？人们为家里添置了冰箱，买回来电视机，又购置了洗衣机，还买了汽车……从一无所有到什么都不缺，我们购买的物品确实曾带给我们幸福的感觉，可是一旦什么都不缺之后，即便再次购买同样的物品，也很难刺激我们的感官。不管那些更新换代的物品增加了多少全新的功能，它们带给我们的幸福感和满足度并不强烈。

从物质中获得的满足感只能持续很短的时间，而我们宝贵的经历以及从中获得的知识，将永久地留在我们的生命里。购物只能满足我们暂时的欲望，经历和体验却可以让我们终身受益。

＜从加法时代来到减法时代

盖洛普曾在世界各国进行过一项民意测验，调查显示："对于年薪在2.5万美元以上的人来说，通过'经历'获得的幸福感要比购物所带来的满足感高出2～3倍。"（《幸福的习惯》，汤姆·吕斯、吉姆·赫托著，森川里美译，Discover 21出版公司）。

不知道你是否有这样的体会，小时候和家人一起去旅行，或是参加了一些很有意思的活动，那些记忆总是经久难忘，而购物买东西之类的事情，却几乎想不起来。虽然刚买到喜欢的东西时，我们也曾欢呼雀跃……

我们这一代人年轻的时候，社会上的物质资源远远不如现在丰富，当时人们并不能随心所欲地购物，家里虽然并不缺冰箱、洗衣机、电视机之类的基本用品，但是没有录像机、CD播放器，更不必说电脑、手机、iPod、DVD等之类的东西了，那是一个需要不断做物质加法的时代。

在那样的时代，购物本身也许就是一种"经历"，比如为"家里买彩电喽"而欢呼雀跃，便是一种令人愉快的经历。

在现在这样一个什么都不缺的时代，购物很难给人如此愉快的体验。很多人认为"为了买东西而拼命工作，实在是太傻了"。人们当然会这么想，因为从前我们一直都在用做加法的方式来生活，但从今以后，只有学会对物品进行舍弃和精简，做足减法才能让自己感到幸福。

其实幸福就像自行车的两个轮子。过去，日本人把物质（或者工资等金钱收入）当作一个轮子，把劳动当作另一个轮子。人们付出劳动，获得劳动报酬——金钱或是物质，如此反复，使得这辆叫作"幸福"的自行车得以前行。在凡事用加法的时代，人们只要拼命工作，就能获得金钱和物质，维持生活车轮的正常运转。

现在，努力工作和幸福之间已经失去了必然的联系。有时就算努力工作，也无法获得相应的金钱，所以我们的个人生活陷入失衡的状态中，我们在精神层面也就很难获得满足感，就会一天到晚反复抱怨："以前这样过日子不是一直挺好的吗，怎么现在就不行了呢？"

关于幸福的全新价值观主张，与从物质中得到的幸福相比，从经历中获得幸福的精神体验比重应该越来越大。为了幸福感是怎样变化的呢？

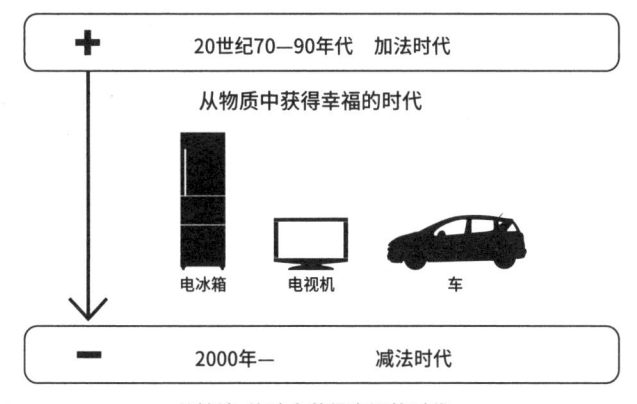

| ➕ | 20世纪70—90年代　　加法时代 |

从物质中获得幸福的时代

电冰箱　　电视机　　车

| ➖ | 2000年—　　　　　　减法时代 |

从精神、体验中获得幸福的时代

譬如：　平衡工作与生活　＝　不再只有工作，个人生活也要充实

　　　　旅行　＝　不再是购物型旅游，而是体验型旅游

　　　　物质　＝　不再想要名车，而是购买环保型汽车
　　　　　　　　　不住别墅，而是选择不太方便的度假屋

> ❗ 物质型幸福 → 注重体验与精神感受的幸福

获得幸福,我们需要很多东西,其中之一就是"时间"。所以,我们的生活应该朝着减少劳动时间,"除非迫不得已,否则不进行任何多余劳动"的方向调整。

这一点能否变成现实姑且不论,现实情况是,日本的法定劳动时间为一周四十小时,而丹麦则是三十七小时,且丹麦的法律还规定劳动者有夏季四周、冬季一周,合计五周的带薪假期,此外每个劳动者还能从公司获得一周左右的大假,可以说丹麦社会正呈现出进一步缩短劳动时间的趋势。

丹麦人为什么会有如此充裕的假期呢?丹麦也曾和日本一样,规定劳动者一周工作四十小时,但是因为无法提升劳动者的工资水平,便代之以减少个人的平均劳动时间。

现在日本其实也正处于这样的转型之中,"平衡工作和生活"之类的口号的出现便是最好的证明。

<北欧国家位居世界幸福指数排行榜榜首的原因

近十年来,很多国家的各大机构都颁布过形形色色的"世界幸福指数排行榜"。尤其是在发达国家,"提升幸福指数"已经逐渐成为一个重要的社会议题。

比如,2008年,法国总统萨科齐便设立了"幸福指数测定委员会",英国首相卡梅伦也声称"人生不是只有金钱。现在我们应该重视的不只是GDP，还应该把焦点放在GWB (General Well Being，即整体幸福) 上"。(《幸福研究》，德里克著，土屋直树、茶野努、宫川修子译，东阳经济新报社)

许多大学和调查机构也陆续发布了各种各样的幸福指数排行榜，但位居前列的都是丹麦、瑞典等北欧国家(参见P34-35)。这次接受我采访的北欧人大都表示他们真的感觉自己很幸福。

下面摘录几则受访者的回答：

> 虽说不是每时每刻都觉得自己被幸福所包围，但冷静反观自己的现状，我还是会得出一个结论：这确实是一个可以让我生活得很好的地方。
> ——克莉丝汀·布拉贝斯/丹麦/房地产公司职员

> 瑞典人通常不会杞人忧天。瑞典既没有地震，也没有台风之类的天灾，大家都能够自由地生活，如果想一辈子都在学校里读书也没有问题。因为没有什么非做不可的事，我们也就感觉不到什么压力，也不需要活得太过严肃……
> ——安德烈亚斯·里贝鲁贝克/瑞典/爱立信公司职员

> 在芬兰生活，人的内心会有一种平衡感，因为我们可以在自然的田园风光与都市的繁华生活中自如转换，可以兼顾个人的娱乐与工作。虽然我们支付着高额的税金，但是我们可以享受优厚的福利。日本人虽然拥有很多东西，却永远不

会感到满足,因为他们内心的平衡感早就被打破了。

—— 中村浩介／芬兰／家具、杂货店经营者

他们的回答让我意识到,幸福所钟爱的果然还是简单的生活。他们非常清楚应该如何善用自己已有的东西,在现实社会里进退自如,快乐生活。

在很多日本人看来,北欧人不够富有——北欧人的着装并不光鲜,他们开的汽车也是使用了很多年的旧物,他们虽然有自己的度假屋,但整修度假屋时,从改建、装修到大扫除等所有烦琐杂事都得自己动手,而且大多数度假屋都建在不通水电、超市罕见的偏僻之地。

在受访者中,有一位叫佛罗史帕克·田中聪子的女士,她的回答特别精彩。

我觉得可以选择的东西越少,人就越容易感到满足。在日本,正是因为可以选择的东西太多了,所以人们难以感到满足。在丹麦,自己到底想要什么,自己内心一清二楚,而且人们很容易分辨出什么东西对自己来说是最为重要的。

—— 佛罗史帕克·田中聪子／丹麦／船舶公司职员

田中女士说得没错,现今的日本充斥着太多可以让人即

时满足的东西。过度的即时满足扰乱了人们对未来的长远规划和打算。

比如假设你生活在东京,你原本没有任何购物打算,只是走进某家店铺随便逛逛,最终却控制不住自己的欲望,买下一大堆东西。有时候你明明对名牌箱包毫无兴趣,翻了一会儿时尚杂志之后,你的占有欲迅速膨胀,一再表现出优先照顾即时满足的倾向。

在我所生活的夏威夷,如果一个人过分追求物质,就会被人认为很俗气,因为在一个靠近大海的地方,穿一身笔挺的西装,开着名车招摇过市毫无意义。如果物质的诱惑有限,人们就能更加专注于自己的经历和体验,也就更容易实现全新的幸福。

在诺和诺德制药公司财务部工作的弗雷德里克·迪托列夫·沃特托埃尔,他的看法颇耐人寻味:"如果你真的想大肆挥霍一番,你可以去吃大餐,买高级香槟,但是大餐和高级香槟都不是人生的必需品,我们不必将它们展示给别人看。就算是富人,也不必把'富人'两个字刻在自家的门牌上。"

弗雷德里克的思维方式应该源于所谓的"詹代法则"(Jante Law)。"詹代法则"是丹麦人人皆知的俗称"十诫"之类的信条,包括"不要以为你很特别""不要以为你比别人善良""不要把自己想象得比别人好""不要以为每个人都很在乎你""不要以为你能教导别人做任何事",等等。这些信条的意思是要有自知之明。

相反,在美国、英国等国家,成功人士无不抱有开名车、买游艇、建豪宅,并向他人展示的想法。其实名车也好,豪宅也罢,能够在物质层面给我们带来满足感的东西,大抵不过如此。

在北欧国家中,只有丹麦奉行"詹代法则"。也许正是因为丹麦人奉行这样的法则,所以他们不会盲目信奉物质至上主义。

北欧和日本的很大不同,在于北欧拥有非常完善的社会保障制度。因为缴纳的税金很高,所以北欧人能享受到很好的福利保障。他们如果生了病,无须花费一分钱便可享受很好的治疗;住院后,不工作也能有稳定的收入来源;如果想学习或是进修,学费全免;新生儿若患有先天性的生理疾病,孩子的父母根本不必担心孩子的治疗和住院费用,如果孩子的父母因为照顾孩子而不能工作,他们甚至能得到来自政府的补助。

高收入人群需要缴纳高额的税金,而低收入人群的负担就相对较轻。虽然这样不太公平,但富人本就应当承担更多

的社会责任，而且整个社会的安定的确是由能力强的人支撑着。这样一来，不管谁遇到任何意外，都能维持目前的生活水平，这一点让丹麦人感到特别安心。

——丽娜·印巴森／丹麦／男女同权组织职员

因为（社会保障制度）是一种从很久以前开始就存在的例行制度，一直在当地生活的人可能会身在福中不知福，甚至还有人会抱怨。我有时候也会认为我们国家的税金太高了，但我依然承认这是一套非常了不起的制度。如果我去别的国家生活，估计会很不习惯吧。

——贝尔·沃鲁巴克／瑞典／瑜伽馆经营者

在丹麦，人如果不幸失业，可以拿到失业保险金。即使没有购买失业保险，政府也会发放一笔就业支援金。我们在北欧各国的确见不到流浪汉，因为一个人即使遭遇天大的变故，也不至于流落街头，这样的安全感自然会极大地提升民众的幸福指数。

不过，丹麦的年金制度并不是很完善，这一点令人颇感意外。退休后仅仅依靠国家的补贴是远远不够的，丹麦人的晚年保障令人担忧。

上述信息也许会让人对北欧国家心生向往，但是我们不可能坐等本国福利制度的变革。说到底，如何获得全新的幸福，需要我们自己去思考接下来应该怎么做。关于这一点，我会在第二章和第三章中做详细介绍。

＜日本如此富足，其国民幸福指数为何屈居第81位

让我们来看看国际上关于幸福指数的调查。在盖洛普2010年发布的"世界幸福指数调查"中，日本的国民幸福指数排名是第81位。在英国莱斯特大学2006年发布的"世界幸福地图"中，日本的排名是第90位。在英国列格坦研究所2011年发布的"全球繁荣指数"中，日本也只是位列第21名。

虽然排名变化受到调查方法、调查对象、项目和时间等不同因素的影响，可是跻身富裕国家的日本，其国民幸福指数为何会如此靠后？个中原因，并非一两条所能解释。下面我们先来看一组与日本人的幸福指数有关的数据和趋势。

1973年受到第一次石油危机冲击之后，日本人的生活满意指数一连数年持续走低，跌入谷底之后虽然随着原油价格的上下浮动而有所波动，但是总体来说是在缓慢上升，直到1995年达到顶峰。在此之前，很多人仍然认为幸福就是经济繁荣，自己想买什么就可以买到什么。

在那之后，日本人的生活满意指数便呈现出逐渐下降的趋势 (参见《日本的幸福指数》，大竹文雄、白石小百合、筒井义郎编著，日本评论社)。

从数据中我们可以明显看出，在此后的五至十年间，人们关于幸福的价值观发生了巨大的变化。

我这里有一组被称为"幸福悖论（伊斯特林悖论）"的数据要和大家分享。这组数据显示，在同一个国家，人们的收入水平越高，幸福感就越强，但是在国家与国家之间（至少是发达国家之间），国民的收入水平和他们的幸福指数却没有必然的联系。

简而言之，幸福指数的高低依赖于人们的相对所得而不是绝对所得，幸福指数不在于具体所得的多与寡，而是由人们在该国的社会地位决定的。也就是说，人们的幸福感由周围的环境所决定。

就日本而言，从1958年到1998年，四十年间人们的人均实际支出增加了近五倍，人们对生活的满足感却丝毫没有增加。

之所以会这样，一种有力的解释是因为人们很容易适应最新的环境。也就是说，收入增加之后，人们的幸福指数会在一定程度上水涨船高，可是人们很快又会订下更高的目标，因此他们的幸福指数就会回到原来的水平，即使他们继续疯狂购物，也很难提高自己的幸福指数。我认为这就是当前日本社会的状态。

还有一种解释是，人们习惯性认为收入水平高的人理所当然应该过奢侈的生活，"年收入达到1000万日元、2000万

各大幸福指数排行榜

> **盖洛普**
> **"世界幸福指数调查"（2010年）**

1 丹麦
2 芬兰
3 挪威
4 瑞典、荷兰
6 哥斯达黎加
8 加拿大、以色列
12 巴拿马、巴西
14 美国、奥地利
16 比利时
17 英国
18 墨西哥、土库曼斯坦
20 UAE（阿拉伯联合酋长国）
21 委内瑞拉
22 爱尔兰
23 波多黎各、科威特、冰岛
26 哥伦比亚、牙买加
28 卢森堡
30 特立尼达和多巴哥、阿根廷、伯利兹
33 德国
40 意大利
43 西班牙
44 多米尼亚、法国
56 韩国、波兰
70 哈萨克斯坦、台湾地区、葡萄牙
73 俄国、乌克兰、罗马尼亚、斯洛伐克
81 **伊朗、香港地区、新加坡、日本**

英国莱斯特大学"世界幸福地图"(2006年)	英国列格坦研究所"全球繁荣指数"(2011年)
1 丹麦	1 挪威
2 瑞士	2 丹麦
3 奥地利	3 澳大利亚
4 冰岛	4 新西兰
5 巴哈马	5 瑞典
6 芬兰	6 加拿大
7 瑞典	7 芬兰
8 不丹	8 瑞士
9 文莱	9 荷兰
10 加拿大	10 美国
11 爱尔兰	11 爱尔兰
12 卢森堡	12 冰岛
13 哥斯达黎加	13 英国
14 马耳他	14 奥地利
15 荷兰	15 德国
16 安提瓜和巴布达	16 新加坡
17 马来西亚	17 比利时
18 新西兰	18 法国
19 挪威	19 香港地区
20 塞舌尔	20 台湾地区
23 美国	21 日本
35 德国	
41 英国	
62 法国	
82 中国	
90 日本	

(!) 在大部分的排行榜上,北欧国家的名次都位居前列。

日元之后，就应该开这种档次的车，住在这样的地方，在这种情调的餐厅吃饭……"这些都是传统、陈旧的观念，而现在依然有不少日本人抱持这样的看法。

在国外，这样的想法已经逐渐被人们摒弃了。比如苹果公司的创始人之一史蒂夫·乔布斯总是穿着招牌式的黑色高领毛衣；和乔布斯所拥有的巨额财富相比，乔布斯所住的房子可谓简朴至极；乔布斯连一艘游艇都没有，他的生活低调不奢华。脸书的创始人马克·扎克伯格的生活也是如此。

现在，就连一些价格昂贵的商品也不再和"奢侈""豪华"相关。一些环保类的商品越来越受欢迎，比如保护濒危动物的器具，能够减少尾气排放量的环保型汽车，等等，都非常吸引人。

受访者弗雷德里克·迪托列夫·沃特托埃尔为了取得MBA学位，曾经在日本的一桥大学留学。他这样描述自己对日本的印象："因为受政治、文化等多方面的影响，日本存在各种各样的制约，人们很难去追求自己真正渴望的自由，所以只好通过自己的努力，去完成某个目标（工作之类的）。即使非常用心，人们还是会受到这样那样的阻力。"

从世界范围来看，日本算得上是为数不多的物质丰富的国家，但这样的国家存在如此繁复的制约，我想，这可能是日本人幸福指数偏低的原因之一吧。

幸福的悖论——日本

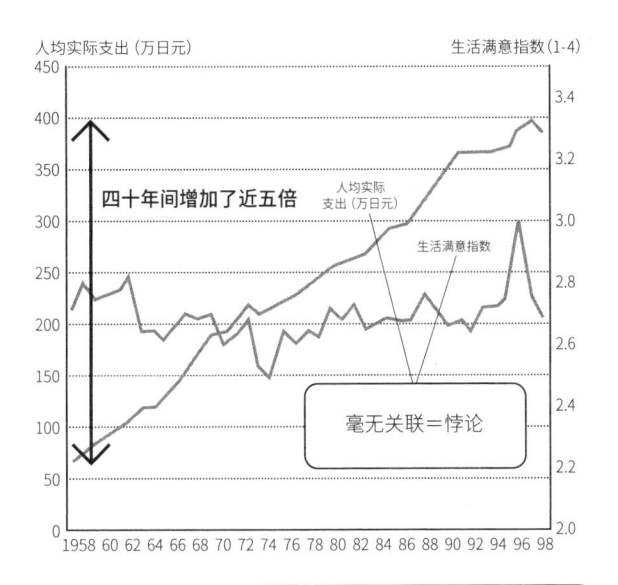

人均实际支出 (万日元)   生活满意指数(1-4)

四十年间增加了近五倍

人均实际支出 (万日元)

生活满意指数

毫无关联=悖论

1958 60 62 64 66 68 70 72 74 76 78 80 82 84 86 88 90 92 94 96 98

> ⓘ 四十年间，人们的实际支出增加了近五倍，但人们对生活的满意指数并没有得到提高。

参见《日本的幸福指数》(大竹文雄、白石小百合、筒井义郎编著，日本评论社)。
生活满意指数的数据来自世界幸福数据网站；人均实际支出是根据国民经济统计与国势调查网站的数据统计而成的。

同样在日本生活过的瑞典籍瑜伽馆经营者贝尔·沃鲁巴克则认为:"日本人真的太忙碌了,他们应该稍微减慢一下速度,把生活的节奏放慢一些,这样或许就会好很多。另外,他们在工作方面也承受着社会施加的精神压力。"

＜为什么要向"草食族"学习

近几年,一个叫作"草食族"的特殊群体悄然出现。他们很少购物,不喜欢旅行,对恋爱不感兴趣……草食族的出现引起了日本社会的广泛关注。我认为,这个特殊群体的产生,是日本人关于幸福的价值观已然发生改变的佐证。

20世纪80年代后期,当日本经济进入泡沫时期时,我还是一名学生。当时,我们这一代被称作"新新人类"——缺乏忍耐力,频繁跳槽,无法长期在一家公司踏实工作,而且不懂礼貌,连一些基本的社会常识和商务知识都不懂,常常被大众或主管贴上"没有出息的年轻人"的标签。

"这些'新新人类'真是没出息啊""他们必须加强锻炼"……二十年后,当时说这些话的中年人纷纷陷入生活的困境,那是因为当时这些拥有主管和上司身份的人虽然具备一定的工作技能,但是他们的工作技能只是局限在一家公司而已,他们完全没有横向拓展的能力。事实上,"可移动的便携式能力",就是一个人"能够跳槽的能力"。当然,也有些人并不喜欢跳槽,所以我们将这种能力说成是"无论到哪家公司就职,都能游刃有余地完成工作的能力"更为贴切。

也许这些人在自己原来的公司里一直担任经理或部长级的职务,也许他们确实干得很出色,可是他们具备的,只是和那家公司的文化相匹配、在那家公司的体制中才能胜任工作的能力。不信的话,你看看现在他们过得怎么样呢?

当时我才二十岁,而他们都是三四十岁的年纪,现在他们应该都已经五六十岁了吧。步入退休年龄的他们,倘若现在能够领到丰厚的退休金,也还勉强算得上幸运。要知道,他们那一代人面临的现状是,就连过去规模最大的日本航空公司都会因为破产而被《破产重组法》所制裁,更不用说有多少人会被公司要求提前退休或是遭遇裁员,甚至面临公司倒闭的处境。那些曾经年薪超过一千万日元的精英,现在开始要勒紧裤腰袋过年薪几百万的日子,一些人更倒霉,甚至沦落到只能靠打小时工为生的地步。

那些曾经饱受上司白眼,总被人说成是前途渺茫的"新新人类",个个怀揣着一流的跳槽绝技,因此在严酷的经济环境下存活下来。他们现在成为各家公司的主力,备受领导重用。究其原因,我想是因为我们这些"新新人类"可以敏锐地捕捉到时代变化的气息,也就可以自然而然地"进化"和"成长"。

正如达尔文的进化论所说,无法适应环境的动物将会被自然界所淘汰,能够适应变化的人才能够幸存和发展。

所以,我不会否定这些现在被称作"草食族"的年轻人,我甚至觉得我们应该向他们学习。为什么这些"草食男"和"草食女"在物质面前不仅能够不为所动,而且还能认真储蓄,讲求工作与生活的平衡,并对自己的生活方式如此重视呢?

因为他们感觉到了这个社会和时代的嬗变。这样的洞见,并非来自他人的传授和告知,也不是他们有意识地探究所得。不管这些年轻人是否希望看到这一切,他们为了适应这样的变化,都在不断地成长。

他们观察自己的父母——一门心思地工作、挣钱,就是为了不断购物——最终意识到"那并不是真正的幸福"。当然,我们"新新人类"和现在的"草食族"所信奉的价值观也不尽相同,但是我们的价值观也在随着时代的前进而不断变化。

如果你还认为那些"草食族""没有欲望,没有激情,不成体统",那你就和那些曾经把"新新人类"贬得一文不值的前辈们没有任何差别。有这样的想法是一件危险的事,因为十年或二十年之后,抱持这种想法的人注定会与幸福无缘。

＜你得过"消费传染病"吗

几年前,美国流行过一个词,叫作"富裕流感 (Affluenza)"。这是由"丰富、富裕 (Affluence)"和"流行性感冒 (Influenza)"合成的一个新词,也就是"消费传染病"的意思。

无法控制自己的欲望,买下一件又一件不需要的东西,将自己的家或是拥有的东西与别人的进行比较,如果比不过,便会生出自卑之心,然后产生新的购物冲动。为了维持富裕的生活,长时间工作成了理所当然的事;很多人的收入水平明明没有下降,他们背负的贷款却不断增多;社会上申请个人破产的人数不断增加……"消费传染病"在美国是一个很大的社会问题。

现在,日本亦步美国后尘,尤其是三十五岁以上经历过泡沫经济的人,几乎都患上了"消费传染病"。

那些被称为"草食族"的年轻人注意到了这种现象的不正常。他们的父母和周围的前辈对他们指指点点,认为"做'草食族'是要不得的,是不会有任何出息的!"。于是,"草食族"开始怀疑自己的判断和想法,再次被那些陈旧的幸福观所束缚,想来真是可悲。

前面我们说过,史蒂夫·乔布斯就没有拥有太多物质方面的东西,我想他骨子里应该有"否定物质至上,保存嬉皮士文化理想主义"的倾向。我感觉日本的年轻人从最近开始也有从物质至上主义逐渐向理想主义靠拢的倾向。与金钱相比，他们更加看重的是自己对社会的贡献，以此体现出自己的个人价值。现在一批年轻的新锐社会企业家崛起，应该是顺应这一潮流的表现。

我最近看了一本很有意思的书，书名是《一年不花钱》(马格·博伊尔著，吉田奈绪子译，纪伊国屋书店)，讲述英国一位二十九岁的年轻人尝试进行一整年不花钱的生活实验。这位年轻人的所有生活用品都是自己亲手制作的，他的交通工具是一辆自行车。他通过将自己不用的物品与人交换，来获取自己需要的物品。他将一年不花钱的点点滴滴的感受与体验记录下来，最后写成了这本书。

读完这本书，我意识到为了生活，具备一定的求生技能固然很重要，但是在不久的将来，能够挖掘出普通物品的崭新价值的能力将更为有用。

夏威夷和新西兰的居民现在依然保持着物物交换的习惯。他们把从自家庭院里采摘来的各种水果分送给邻居，用自己钓的鱼与他人交换，换取其他的食物。我所说的求生技能并不是分享的意思，而是不花一分钱，只需要把自己的生活技巧告诉别人，就可以从别人那里换取自己需要的东西，或是运用自己的特殊技能比如按摩技术为别人提供按摩服务，然后获得一些食物等之类的能力。

若是发生像东日本大地震（3.11日本地震）那样的灾害，即使拥有再多的物质或金钱也是没有用的。如果你拥有一定的求生技能，至少可以生存下来。反之，如果一个人没有为他人提供价值的能力，他就无法保证自己能够在未来生存下来。

《一年不花钱》这本书让我们开始思考，除了拥有足够的金钱之外，要实现真正的自由，获得全新的幸福，我们还应该怎么做。现在，全世界关于幸福的价值观都在发生变化。我想，再过二三十年，在这些被称为"草食族"的年轻人中，一定会涌现出开创伟业的英杰，因为他们不会受到既往常规的束缚。

或许我们现在正在见证那样的突破，正在迎接一个有趣时代的到来。

＜能够做好自我管理的人更容易提高幸福指数

我不太喜欢"平衡工作与生活"这种说法。

平衡工作与生活，也就是"让人的工作和生活得到平衡"。日本内阁政府对这种说法给出的解释是："每一位国民都能从事自己觉得有意义且能让自己充满成就感的工作，并能有效履行工作职责；同时，在家庭和社区生活等方面，他们也能根据不同的人生阶段（如育儿期、中老年期等），自由地选择相应的生活方式。"

这个解释堪称完美。一个人在较短的时间内通过有效的工作，就能创造出同样的成果，如果希望成果更多，就加倍付出努力，也许这样就能实现工作与生活的平衡。

实际上，"我期待实现工作与生活的平衡""我期望带薪休假"……这样的想法只是在主张个人权利而已。我之所以不太喜欢"平衡工作与生活"这个说法，是因为很多人对它都存在错误的解读或有滥用之嫌。仅仅是因为不想工作就要求减少工作时间，这种提议必然会导致工作成果的减少，而如此一来将陷入恶性循环。

既然主张个人权利，员工就不可能再像过去那样悠闲自在地工作。公司一定会做出相应的结构和制度调整，要求员工在短时间之内完成和过去一样的业绩。跟不上改革步伐的员工，一定会被公司炒掉。

就连特别注重保护劳动者权益的意大利，也希望在法律上能够放宽对企业解雇员工的限制。如果没有工作业绩，所谓"达成工作与生活的平衡"不过是痴人说梦。

就算一周工作四十小时，工作时间也占据了一个人从起床开始到睡觉为止将近一半的时间。可以说，人们将人生的大部分时间都用在了工作上。如果投入了那么多的时间，却出不了成果，怎么可能得到企业的认可？这样的人生又怎么可能幸福呢？没错，无论怎么减少工作时间，增加个人的活动自由，我们若是完不成工作任务，是不可能自由生活的。

另外，还有一些人，他们虽然有大量的个人时间，却总是找不到事情做。即使和家人共处的时间增多，他们的陪伴质量也不高，不过是消磨时间，最后反倒被家人埋怨："老爸近来总是待在家里无所事事。"这样的生活应该也谈不上有多幸福。

拥有自己的个人时间，也就意味着被赋予了"自由"。被赋予自由，也就意味着个人必须做好自我管理。一个人若是做不好自我管理，就别奢谈幸福。

所以，我们必须掌控好自己的生活——即使工作时间变短，也可以创造出更多的业绩，这样才能让工作和生活两不误。若不把所有层面有效关联起来，就不可能获得真正的幸福。

北欧人在这一点上就做得很好。

(实行理想生活方式的)前提是个人生活和工作之间能够达成平衡。我是因为喜欢，因为可以从工作中得到快乐才去上班的，同时也希望可以兼顾个人生活。我想在郊区买一栋房子，然后生个孩子，一家人知足无求地过日子。

——弗雷德里克／丹麦／制药公司职员

或者我们可以说，那些有能力、能够做好自我管理的人更容易提高幸福指数。

＜不被常识束缚，感受幸福需要自由

要感受幸福，"自由"非常重要。正如前文所述，这里所说的"自由"包括物质、精神和时间三个方面。因为时代在不断变化，我们也必须与时俱进。我们若是被旧有的常识所限制、束缚，就无法体验到全新的幸福。

从某种角度来说，被常识束缚有时会让人感觉挺舒服的。比如，如果我们每天只穿制服，就不用考虑今天要搭配什么衣服。我们若是被惯性束缚住，便会放弃主动思考，也不会付出特别的努力。我们只需每天在固定的时间点到达公司，按部就班地做完分内的工作，等上司离开公司之后才下班，然后公司会支付给我们稳定的工资，并且为我们打理好纳税、福利保险等一切事务。

于是，我们对很多问题，譬如"为什么大家要在同一个时间点上班？""为什么领导没走我就不能下班"，等等之类的

问题都不再怀疑，这种情况的确很危险。

大家对于房子的看法也是如此。"我希望在东京的市中心拥有一套房子，并且在市中心工作。"对于在东京上班的人来说，有这种想法是很正常的。如果我们试着去质疑这种想法，或许就可以发现另外一种选择：工作日住在自己在东京市中心租来的小型公寓里，周末则到一个符合自己生活方式的地方去生活，这就是所谓的双城生活。

按照过去的价值观判断，这里所说的周末住宅便是我们常识中的"别墅"。一提到别墅，人们往往会想到长野轻井泽那样的地方，住在那里可以不时打上两杆高尔夫球……没错，拥有别墅是一种身份和富有的象征，但这是物质至上时代的产物，是富人阶层所特有的东西，所以，请先试着舍弃这种常识上的"别墅"概念。

所谓双城生活，并不是说除了拥有日常的住宅之外，我们还需要拥有一套别墅。我们可以选择到山林中去体验户外生活，也可以去海边冲浪，总之为自己寻找另外一个让生活变得更加充实的空间。

以前，我们的定式思维认为："既然我在东京工作，我就应该住在东京。"现在网络和移动电话如此普及，实际上只要你愿意，你可以在任何地方工作。东日本大地震发生的时候，大家被迫在家"待机"一周，公司不是照样运转？如果是从事脑力劳动的商人，一周之内一半的时间不去公司也不会有什么问题。

我现在过的便是双城生活。一年中一半以上的时间我在夏威夷度过。之前很少有人这么做，我算是第一个吃螃蟹的人。为了实践双城生活，仅仅做准备工作，我就花了十年左右的时间。2004年我开始尝试双城生活，经过多次摸索，到2007年才正式践行这种生活方式。

只不过七八年的时间，世界各国的科技已经取得如此长足的发展。现在，任何一个地方都可以上网，网速越来越快，上网费用越来越便宜，人手一部智能手机，不管在什么地方我们都可以工作，这些都让实践双城生活变得非常容易。

诚然，对于给公司打工的上班族来说，立即实现这样的理想还有点儿难度。即使如此，上班族也不要轻易放弃这样的理想。我们可以去考虑实现它的可能性。你或者可以辞去现在的工作，去着手创业；或者寻找一个可以让你享受双城生活的公司。

以前，大部分人跳槽选择新公司，都是以职位高低、待遇好坏来衡量，但是，未来的经济环境将不允许企业随意为员工加薪，企业能否满足员工对工作方式的要求将变得更加重要，能够帮助员工实现其个性化生活方式的企业才会受到员工的欢迎。

实行双城生活与拥有一栋别墅的区别

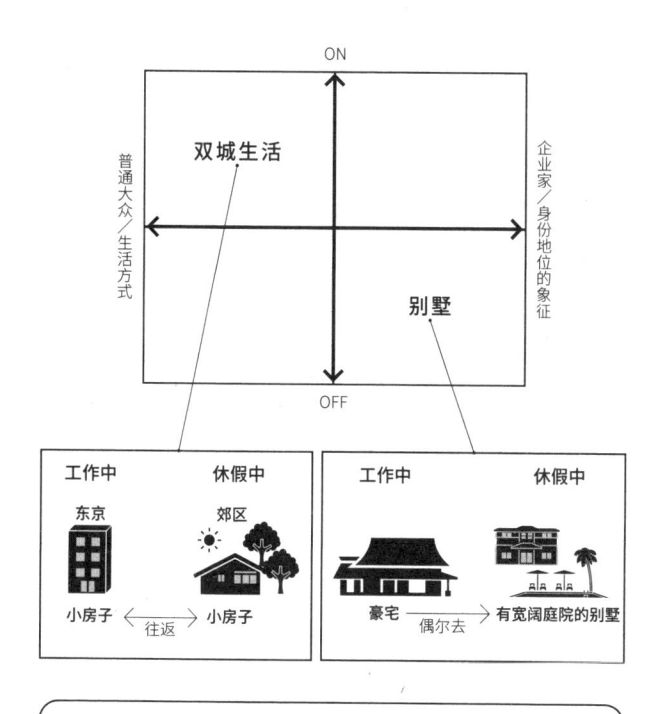

```
                    ON
                    ↑
        ┌───────────┼───────────┐
        │           │           │
  普     │  双城生活  │           │  企
  通     │           │           │  业
  大     │           │           │  家
  众  ←──┼───────────┼───────────┤→ ／
  ／     │           │           │  身
  生     │           │    别墅   │  份
  活     │           │           │  地
  方     │           │           │  位
  式     │           │           │  的
        └───────────┼───────────┘  象
                    │              征
                    ↓
                   OFF
```

工作中	休假中	工作中	休假中
东京	郊区	豪宅	有宽阔庭院的别墅
小房子 ←往返→ 小房子		豪宅 ←偶尔去→ 有宽阔庭院的别墅	

> ⚠ 实行双城生活的目的是拥有一个让生活更加充实的空间,拥有一栋别墅是身份与地位的象征,是只有富人阶层才能实行的生活方式。

巴塔格利亚户外用品公司规定，员工在工作时间内可以随时出去冲浪；谷歌则有一个"20%规则"的特殊规定，即员工可以用20%的工作时间去做自己喜欢的事；日本的KAYAC公司则实行"骰子津贴""旅游基金发放"等独特制度；日产汽车、三菱汽车、富士通、东芝等企业，都允许员工拥有自己的副业。此外，只要不影响公司正常的业务运作，佳能、普利司通、电装、花王等大公司都允许员工从事兼职。

在这个物质、时间、工作场所和工作方式都越来越自由的时代，我们若还被所谓的常规束缚而不自知，岂不是太愚蠢了？

＜尝试工作与生活泾渭分明的双城生活

人类需要生存，就离不开基本的"衣、食、住、行"等要素。在采访北欧人的时候，我发现北欧人对"衣"和"食"的要求出奇的低，对"住"的要求则非常高。和"住"同等重要的排序还有前面提到过的"行"，也就是"旅"。按照他们的价值观排序，应该是"行→住→食→衣"。

北欧国家居民的劳动时间都很短，当地冬天的日照时间也很短，人们在家中度过的时间自然就很长。北欧的家具设计在全球享有如此高的声誉，想来和北欧人在家中度过的时间较长有关。很多北欧设计师都声称，要把产品设计成简单舒适、人们长期使用也不会感到厌倦的东西。

我所生活的夏威夷则气候温暖，日照时间较长，人们在户外度过的时间较多，所以当地人购买的家具都很便宜，一点儿也不讲究。夏威夷人在乎的是房子之外的空间——即自然环境，他们感觉整个大自然都是自家的，认为仅仅是住在夏威夷，就已经是三生有幸了。夏威夷人对"衣"的要求也很简单，只要身上能披上一件薄衣就行，而且他们购买的衣服价格都不太贵。在夏威夷人看来，到山里、海边享受运动才是最重要的。所以，就"衣、食、住、行"四大要素来说，夏威夷人对"行"最为看重。

新西兰濒临大海，新西兰人在住家附近就可以轻易得到优质的肉和鱼，他们日常食用的蔬菜都是有机栽培的，所以新西兰人在"食"方面的品质很高。新西兰人还希望在家门口就可以钓到鱼，可以很方便地到大自然中去进行户外活动，因此他们最在乎的是"行"。

虽然北欧人比较注重室内环境，而夏威夷人和新西兰人更看重户外活动，但这些幸福指数高的国家和地区的人们有一个共同的特点，那就是他们都很重视居住环境。房子并非只是一件东西，而是用来"充实自己生活方式的平台"。

那么日本人又是如何看待"衣、食、住、行"的呢？居

**日本和幸福指数高的国家
在衣食住行方面的价值观排序**

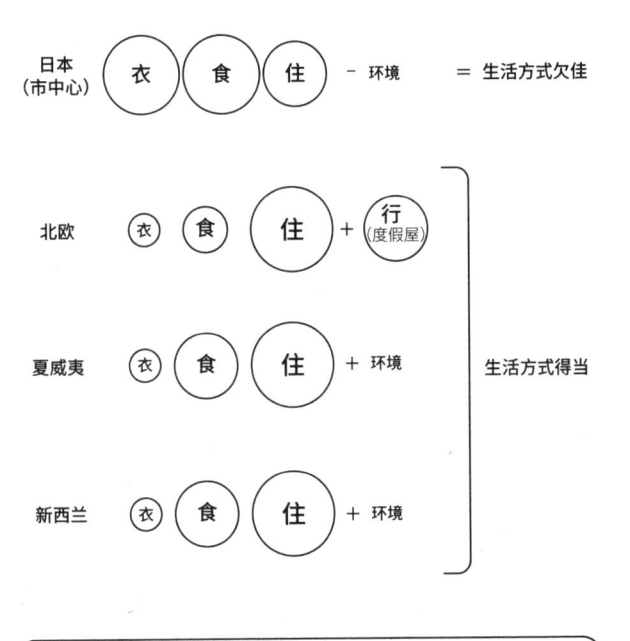

日本
（市中心）　⊙衣　⊙食　⊙住　－ 环境　＝ 生活方式欠佳

北欧　　⊙衣　⊙食　◯住　＋ ⊙行(度假屋)　⎫
夏威夷　⊙衣　⊙食　◯住　＋ 环境　　　　　⎬ 生活方式得当
新西兰　⊙衣　⊙食　◯住　＋ 环境　　　　　⎭

> ❗ 幸福指数高的国家的国民大多更注重"住"。

住在东京市中心固然很方便，但是如果从居住环境的角度来考量就未必合适了。住家附近有没有可以冲浪的地方？有没有可供运动的场所？生活中是否有"可以让人体验的事情"非常重要，但是很明显，这些都是居住在东京市中心的弱点。

如果我们把目光转向东京的郊区，就会有不同的发现。譬如我喜欢冲浪，我就可以以较低的价格在千叶或茨城这些临海城市购置一套独栋房子，从这些地方开车回到东京市中心也不过两三个小时。要知道在国外，这些可以观赏海景的房子都价格不菲。

我最近比较关注的城市是福冈。在福冈，租同样大小的房子，租金只需东京的一半，购置一套独栋房子的价格也只是东京的四分之一到三分之一。这座城市依山傍海，道路宽度适中，食物美味可口。就地理位置而言，在日本所有的大城市中，福冈距离国外最近，福冈机场也离东京不远，还有直航航班飞往我的居住地夏威夷，所以最近很多大型网络公司都把总部迁到了这里。

再比如德岛，最近日本政府在一些偏远村庄铺建宽带，旨在促进IT企业到县内设立分公司。

现在，越来越多不同年龄的有识之士开始关注这种工作与生活泾渭分明的双城生活。也许有人会说我没有那么多钱，怎么负担得起两套房子？其实仔细评估一下自己的生活水平，你会发现实现这样的生活并非不可能。

关于双城生活，我将在第四章做详细的介绍。如果你坚持把房子当作一件物品来看待，你就很难践行这样的生活方式。

在几乎可以被挤成人肉罐头的东京市中心，花上好几千万日元，按揭三十五年买一套小房子，即使如此，房子距离工作地点还有三十分钟以上的车程，住在这样的房子里真的有意义吗？对于这个问题，大家不妨仔细思考一下。

＜降低"满足感的阈值"，只选择自己需要的东西

在北欧，由于缴纳的税金很多，人们可实际支配的现金其实并不多，因此他们很少购物。也许正是因为眼前的生活并不富裕，北欧人才找到了其他的幸福——这是我在前往北欧采访之前的揣测。

丹麦的消费税高达25%，位居全球第二位。此外，丹麦的国民负担率（全国税收收入与GNP或者与GDP之比）为69.9%，在发达国家中排名第一。芬兰的国民负担率是59.3%，瑞典的是59%，而日本的则是40.6%（数据来源参见P55）。

采访之后我才发现，事情完全不是我所想象的那样。其

经济合作与发展组织(OECD)统计的各国国民负担率一览表

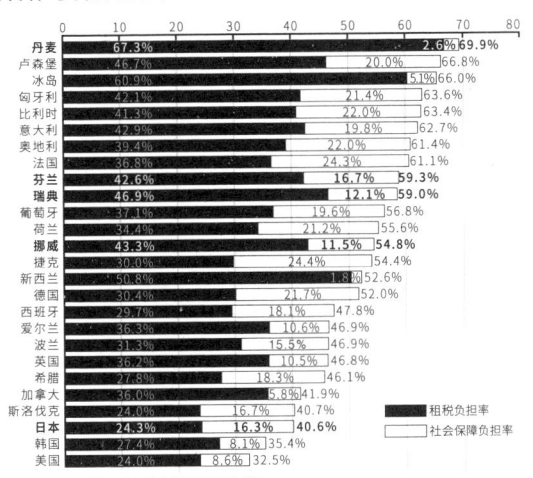

国家	租税负担率	社会保障负担率	合计
丹麦	67.3%	2.6%	69.9%
卢森堡	46.7%	20.0%	66.8%
冰岛	60.9%	5.1%	66.0%
匈牙利	42.1%	21.4%	63.6%
比利时	41.3%	22.0%	63.4%
意大利	42.9%	19.8%	62.7%
奥地利	39.4%	22.0%	61.4%
法国	36.8%	24.3%	61.1%
芬兰	42.6%	16.7%	59.3%
瑞典	46.9%	12.1%	59.0%
葡萄牙	37.1%	19.6%	56.8%
荷兰	34.4%	21.2%	55.6%
挪威	43.3%	11.5%	54.8%
捷克	30.0%	24.4%	54.4%
新西兰	50.8%	1.8%	52.6%
德国	30.4%	21.7%	52.0%
西班牙	29.7%	18.1%	47.8%
爱尔兰	36.3%	10.6%	46.9%
波兰	31.3%	15.5%	46.9%
英国	36.2%	10.5%	46.8%
希腊	27.8%	18.3%	46.1%
加拿大	36.0%	5.8%	41.9%
斯洛伐克	24.0%	16.7%	40.7%
日本	24.3%	16.3%	40.6%
韩国	27.4%	8.1%	35.4%
美国	24.0%	8.6%	32.5%

注1：国民负担率=租税负担率与社会保障负担率的总和
注2：此为各国2008年度的数据。根据日本2011年度预算，日本的国民负担率为38.8%，租税负担率为22%，社会保障负担率为16.8%。
引用：日本财务省官网（日本内阁办公室"国民经济计算"等；OECD"国民核算1997-2009"及"收入统计数字1965-2009"）

<u>Question</u> 国民负担率较低的日本,其国民的幸福指数为何不高？

北欧—"想买的东西都买得起,所以幸福。"

日本—"节约、忍耐,想买的东西买不起,所以不幸。"

> ⚠ 是否买得起自己想买的东西,
> 即如何选择自己需要的东西。

实北欧人有自己喜欢的东西,也会积极购买自己真正需要的物品。所有受访者都表示:"对于自己想要的东西,我会毫不犹豫地买下。"不过,我觉得这种"想要的东西还是会买"的想法和日本人的消费观有很大的不同。

有资料显示,"即使年收入和资产有限,如果能够自由决定、控制、管理自己的收入与支出,能够做到'想要的东西买得起,想做的事做得了',那么这样的人的幸福指数会比较高。"《幸福的习惯》,汤姆·吕斯、吉姆·赫托著,森川里美译,Discover 21公司)

收入与资产的多寡,与实际能买到多少自己喜欢的东西并没有直接关系,只要能够自由控制收入与支出就好,重要的是你是否认为自己的生活已经达到了"想要的东西买得起,想做的事做得了"这一状态。

作家兼翻译家,同时担任一家小型出版社合伙人的提姆·莫尼纳告诉我:"其实我真正需要的钱并不多。即使收入比现在的高出十倍,我也没有什么特别想购买的东西。"

北欧人并没有太多想要得到的东西。他们虽然热爱旅行,但大多数旅行不过是到山中感受一下大自然的气息而已,或是到度假屋去住上一阵子,生活上自给自足,这些活动都不用花太多钱。

诚然,人的"满足感的阈值"受到不同国家、不同时代以及个人差异等很多因素的影响,不过显而易见,在日本泡沫经济时代出生的人的"满足感的阈值"整体偏高。

在造访北欧国家的过程中,当我提到"丹麦人的幸福指数位居世界第一名"的时候,丹麦人坦言自己的确觉得眼下的生活很幸福。有人和我分享:

我父亲经常教导我:"别把事情看得太重,这样不太容易失望。"

——弗雷德里克/丹麦/制药公司职员

对现在的年轻人来说,满足感的阈值的下降未必是一件坏事。

对那些依然抱持过去的幸福观的日本人来说,降低"满足感的阈值"让他们很容易联想到"节约""忍受"之类的辛苦之事,但对于信奉全新幸福观的年轻人来说,他们并非出于无奈才做出这种选择,而是因为觉得"这样就够了",所以打心眼儿里觉得满足。所有的一切都是他们主动选择的,他们也因为是自己主动选择的而感到幸福。

最近有一本书很畅销,书名为《绝望国度里的幸福青年》(古市宪寿著,讲坛社)。书中谈到现在的年轻人的幸福指数和对生活的满足度创近四十年来的新高。根据日本政府发布的《国民生活舆论调查》显示,2010年,70.5%的日本年轻人对目前的生活感到满意。在过去，通常来说，随着年龄的增长，人们的满足感会越强，现在却截然相反（三十多岁的人对生活的满足度为65.2%，四十多岁的人则为58.3%）。

该书也提到目前年轻人消费动力疲软的现象。的确，和老一辈日本人相比，现在的年轻人不那么热衷于买车，也不太喜欢饮酒，对出国旅行这类事也提不起兴趣。他们只把开销集中在添置衣物和家具以及支付基本的通信费用上，而这些都是生活的必要开支。

声称这种现象属于贫富间的两极分化，并且认为现在的年轻人非常悲惨的，也就只有那些上了年纪的日本人了。其实，随着时代的变迁，人们的价值观自然会发生变化，幸福的形态也会有所不同。

＜"新幸福"的十个条件

一年之中的大部分时间我都居住在夏威夷，当然每年我还会到新西兰、澳大利亚和北欧各国旅游一番。我发现这些国家存在一个共同的模式。

在此，我提出达成自由生活"新幸福"的十个条件。让我们一边回顾序言，一边探讨这个话题。

1. 享受工作
2. 有关系亲密的朋友和家人
3. 拥有稳定的经济来源
4. 身心健康
5. 拥有能激发创造力的兴趣爱好和生活方式
6. 拥有可自由支配的时间
7. 能够选择适合自己的居住环境
8. 具备有效的思维习惯
9. 能够放眼未来
10. 感觉自己正在向目标迈进

第一条是"享受工作"。享受工作和工资高低没有关系，而关乎你工作时是否开心，工作对你来说是否具有挑战性，你在工作中能否获得成就感，工作能否让你学到东西，让你不断成长、进步，并为之感到满足。在后面的章节里，我会详细叙述如何将工作与娱乐完美结合。（参见P170）

第二条是"有关系亲密的朋友和家人"。如果工作顺利，却没有可以分享的家人和朋友，这样的生活绝对谈不上幸福。

第三条"拥有稳定的经济来源"也非常重要。这并不是说你必须拥有雄厚的资产，或是有相当高的收入。事实上，你只要满足自己安定的生活就可以了，哪怕是需要自己控制对物质的欲望，过节俭的生活。如果收入不稳定，即使工作再开心，兴趣再丰富，我想这样的日子也不会好过。

较之收入的多寡，更为重要的是我们对待金钱的态度和理财的方式。那些总是入不敷出的人，大多缺乏掌控金钱的能力。或者说，这样的人还没有探索出让自己获得幸福的生活方式。

第四条是所有一切的基础，那就是我们的"身心"必须"健康"。

第五条是"拥有能激发创造力的兴趣爱好和生活方式"。对我来说，就是必须有类似冲浪和铁人三项的事来丰富我的生活，让我感受到足够的乐趣。有些人虽然工作顺利，和朋友、家人的关系也挺好，收入也很高，并且身体健康，可是在空闲时间里不知道该做些什么。这样的人成年进入社会以后，又习惯将人脉圈与利益圈捆绑在一起。事实上，一个人如果没有一两种可以让自己充分享受的兴趣，那么他根本无法拥有纯粹而不带功利色彩的社交圈。

第六条是"拥有可自由支配的时间"。这并不是说"时间就是金钱"，而是说你必须拥有可以完全自行支配的时间。为了赚钱，一天到晚疲于奔命，无暇陪伴重要的朋友和家人自然不可取，拥有大把时间却不知道如何利用也不行。

第七条是关于居住环境的，我们要"能够选择适合自己的居住环境"。不管你从事什么工作，有着怎样的活法，都需要好好挑选自己的居住环境。不管这个居住环境有多便利，房子有多豪华，如果和自己的特质不匹配，那么这种居住环境不但不能给自己带来幸福，反而会成为累赘。

近二三十年来，日本的老房子的价格暴跌，买房置业是个令人头痛的问题。很多北欧人都有自己的度假屋，大都是从父母处继承来的，而自己购置的房子到退休时变卖出去，价格要比买入时高出许多，所以很多人都会把原来的房子卖掉，买一套小一些的房子或一栋度假屋。

在日本，我们虽然很难找到出售价比买入价更高的房子，但只要认真去找，还是可以找到出售价和买入价差不多的房子。要知道，退休金是指望不上的，到了退休的时候，房子到底会成为资产还是负债，将会改变一个人的命运。

第八条是关于"思维方式"的，我们要"具备有效的思维习惯"。比如，总是推卸责任充当受害者的人，

"新幸福"的十个条件

1. 享受工作
2. 有关系亲密的朋友和家人
3. 拥有稳定的经济来源
4. 身心健康
5. 拥有能激发创造力的兴趣爱好和生活方式
6. 拥有可自由支配的时间
7. 能够选择适合自己的居住环境
8. 具备有效的思维习惯
9. 能够放眼未来
10. 感觉自己正在向目标迈进

> ⓘ 所谓新幸福,就是我们能摆脱金钱、时间、场所等外物的束缚,重新拥有自由。

经常处于消极状态的人，习惯性寻找借口的人，被固有常识束缚并难以突破的人，都很难邂逅幸福。拥有这类思维习惯的人，要凑齐新幸福的十个条件恐怕也不容易。

第九条是"能够放眼未来"。幸福指数下降的最大原因，是人们看不到自己的未来，继而心生不安。在北欧国家，老百姓单靠退休金是很难舒适生活的，不过生病了有免费医疗，失业了可以靠失业救济金解围，所以在他们身上不太会出现重大变故导致生活质量急剧下降的情况。

可惜北欧式的福利制度对日本人来说是不可能的，因为日本人无法如此倚赖自己的政府。那么，日本人的出路在哪里？具体的应对方法我将在第二章以后开始谈论。我们必须做好准备，在未来的几年里，如果生活出现任何意外，我们仍然可以依靠自身的力量渡过难关。

最后一条是关于目标感的，"感觉自己正在向目标迈进"。比如你参加马拉松比赛，如果只是一味地向前冲刺，应该会感到非常辛苦，但如果定下每天的里程目标，例如42.195公里之类，内心就会轻松许多。人们在全力追逐自己的目标时是不会觉得累的。

<앞>

这十个条件的共通之处，就是人只要不被工作、金钱、时间、环境乃至常识束缚，就会获得自由。此外，人对生活要保有自主决断和自行选择的权力。这是我采访北欧人之后的最大感受。

＜从"平衡工作与生活"到"开心工作，快乐生活"

上述十项内容，是获得新幸福的条件，也是获得新幸福的前提。有时候，我们会误认为具备其中某些条件就可以获得幸福，或者仅仅在认知层面明白"想要得到幸福就必须做到这些"，但是事实上，具备所有条件才是我们的终极目标。

我曾经说过，我不喜欢"平衡工作与生活"之类的说法，理由之一是，这类说法很容易让人望文生义，把焦点集中在"工作"与"生活"的平衡上，从而忽略了"兴趣""金钱""健康""居住环境"等其他的要素。

在对北欧人的采访过程中，我发现在北欧，即使是普普通通的上班族也非常重视自己是否能够自行支配时间和工作。在他们看来，只有这样，才能拥有良好的人际关系，才能去挑战自己真正感兴趣的工作，或是重新返回学校充电和学习。时常思考我们应该如

从"平衡工作与生活"到"开心工作,快乐生活"

平衡工作与生活

工作 | 个人生活(娱乐)

做好工作与生活的区分

二者属于权衡的关系,所以需要平衡

开心工作,快乐生活

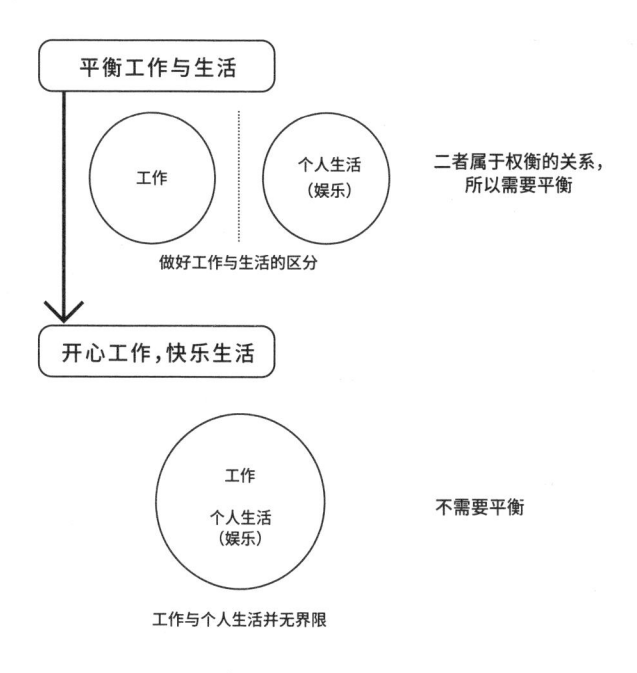

工作 个人生活(娱乐)

工作与个人生活并无界限

不需要平衡

> ⓘ "开心工作,快乐生活"
> ——生活便是工作!

何选择，对于我们获得幸福的人生非常重要。

为什么日本人就不这样想呢？那是因为在过去，人们习惯将幸福与工作联系在一起，认为一个人所获得的幸福全部拜工作所赐，就连个人的兴趣爱好也都被公司包办了。公司为员工精心准备社团活动，甚至建好了棒球场，而居住环境更是不用员工操心，无论是员工宿舍、职工食堂，还是疗养院等，公司都修建得相当完善。总之，公司把员工工作之外的生活打理得井井有条。

试想，如果有一天这些"公司保姆"宣布倒闭，或者员工遭到提前解聘，那么员工就有可能找不到自己的栖身之地。

那么，我们到底应该追求什么呢？我一直在思考，有没有一个类似于"平衡工作与生活"这样简单明了、朗朗上口又容易让人记住的口号呢？于是，我想到了"开心工作，快乐生活"。

我们要以在工作和生活中都能获得愉悦感为目标。这样一来，不仅工作和生活之间不再有边界，而且就连工作与娱乐之间也不会存在界限。

我想，正如从金钱、时间和环境里可以获得自由一样，让工作和娱乐融为一体会成为即将到来的全新趋势。这样人们就不会为退休后居无定所，或者为可能遭遇失业而焦虑。让生活成为工作的一部分，使自己在任何时候都被人需要，这就是幸福的终身劳动。

我们的目标是"开心工作，快乐生活"！请把这句话记在心中，让我们一起开始下一章的阅读吧。

LESS

I   S

M   O   R   E

Chapter 2

要想自由地生活，就得做出改变

> 从"厉行节约"到"主动选择简朴"

本书前面所提到的位居幸福排行榜前列的北欧国家,并非物质极度发达或经济最富庶的国家,这些国家的国民向国家缴纳的税金都很高,有的国家的物产并不丰富,生活方面有很多不便之处,国民生活简朴。

与之形成鲜明对照的是,日本的物质相当丰富,交通也很发达,即使是草根阶层的普通国民,过的也是堪称富足的生活。为什么这样一个国家的国民,却感觉不到幸福呢?我一直在想,他们的压力来自哪里?为什么他们不能生活得更为轻松呢?

我曾经说过,北欧人之所以有这么高的幸福指数,是因为他们的生活足够简单。其实不仅如此,更重要的是,他们拥有选择的权力。

我们说北欧人的生活非常简朴,并不是说他们在生活上极其节约,善于自我约束。事实上,他们并不是因为要践行节约的理念才生活得如此简朴,而是经过慎重的选择之后,自发地决定要这样生活。我们从北欧国家的富裕阶层也过着简朴的生活就可以看出,生活简朴是他们主动选择的。

他们的物质生活虽然很简单,但他们的精神生活却颇为富足。将时间与金钱投入到积累人生体验和感受上,而不是

日本式"简单生活"与北欧式"简单生活"的区别

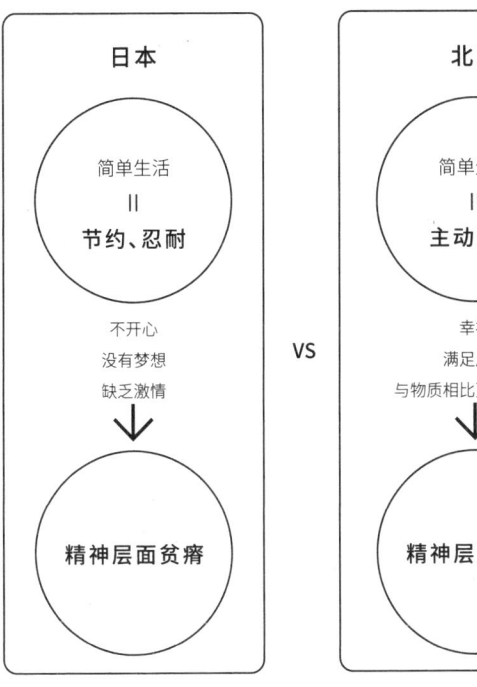

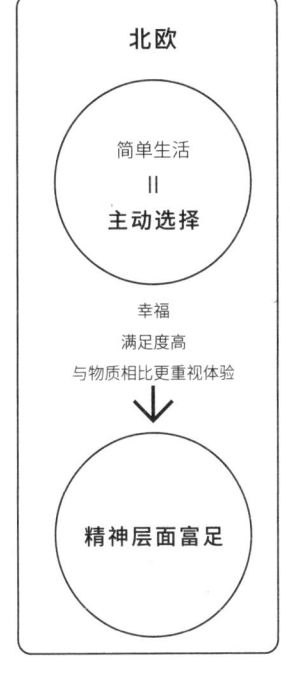

日本		北欧
简单生活 = **节约、忍耐** 不开心 没有梦想 缺乏激情 ↓ **精神层面贫瘠**	VS	简单生活 = **主动选择** 幸福 满足度高 与物质相比更重视体验 ↓ **精神层面富足**

> ⓘ 幸福的关键在于这一切
> 是否是自己主动选择的！

消耗在对物质的追求上，你就可以获得精神层面的富足。一旦养成简单生活的习惯，就会习惯成自然。

反观日本却全然不是这样。日本人的物质生活虽然非常富足，精神生活却极度贫乏。对日本人来说，简单生活就意味着节约再节约，忍耐再忍耐，比如反复对比多家超市的打折宣传单，为了省下十几日元，不辞辛劳地骑着自行车到更远的地方去购物。

很多人都以为"简单生活""放慢节奏"意味着没有梦想、缺乏激情，日子过得了无趣味。这都是因为存在"厉行节约""拼命忍耐"等先入为主的想法。事实上，简单生活并不意味着拼命忍耐，不过是把不该浪费的东西省下来而已。

最重要的是，过什么样的生活应该由自己来选择。我们只需要在"因为境况恶化，不得不如此改变"的局面出现之前，能够自行做出选择，构建一个全新的生活方式。

＞ 拥有金钱 or 拥有时间

如果做一个调查，"你觉得达到什么样的收入水平才会有安全感"，估计大多数人都会回答，最好是现有收入或资产翻一倍。也就是说，年收入500万日元的人，觉得自己的年收入增加到1000万日元，内心才有安全感；年收入1亿日元的人，则希望增加到2亿日元；而年收入5亿日元的人则觉得增加到10亿日元才行。

如果仅仅把能"存下多少钱"当作目的，那么不管收入如何增长，人们都会觉得不够，因为对于金钱，人们是永远不会感到满足的。周围的人往往会不解："他们都已经有了用不完的钱，为什么还是那么拼命赚钱？"在现实生活中，不少人依然想要赚得"更多"，所以不断追加投资，最后落得鸡飞蛋打。这样的例子可不少。

其实，真正重要的是如何平衡收入与支出之间的关系。芭芭拉·玛丽努·费希尔这样看待这个问题："我觉得最重要的是要清楚自己是可以很好地平衡家庭的收入与支出的。如果你可以平衡好二者，那么带孩子出去旅行、用餐或是买漂亮衣服的时候，你就不会一直担心钱的问题。"

作为获得幸福生活的必要条件之一，经济收入当然至关重要。无论是日常生活的维系，还是未来的发展，钱都是不可或缺的。

以前的观点认为，多多赚钱，然后用金钱购买更多喜欢的东西，这就是幸福，但金钱的功能不只是满足物质欲望。《幸福方程式》(山田昌弘、电通快乐团队编著，Discover 21公司)一书谈到过一个观点："我们并不是购买商品，而是通过购买商品来购买幸福。"

比如，你买了一辆法拉利跑车，别人见了之后会羡慕地

"金钱&时间"与幸福的关系

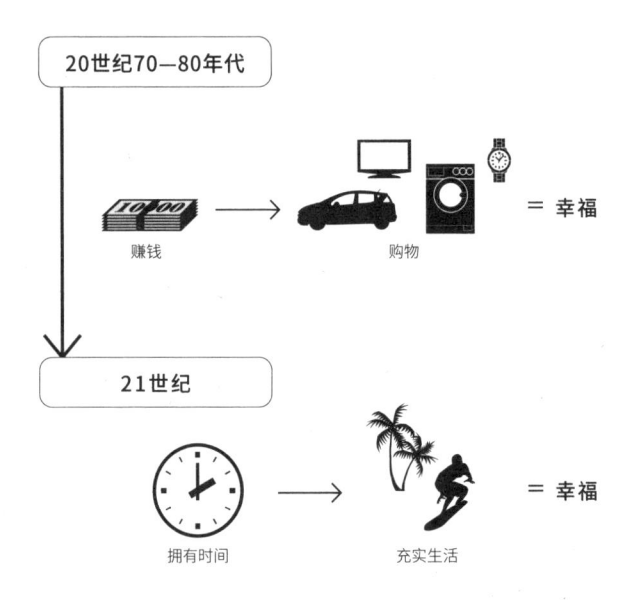

20世纪70—80年代

赚钱 → 购物 = 幸福

21世纪

拥有时间 → 充实生活 = 幸福

> ⚠ 无论是渴望金钱还是期望拥有时间,你都要弄明白自己到底为什么想要,并将想要的东西纳入有效的控制范围内。

称赞："哇，好一部豪车！"；或者你买了一件大牌子的衣服，人们向你投来的羡慕眼光让你格外受用。在泡沫经济时代到来之前，购买物品的确能给人带来幸福。在当今社会，如果仍然仅仅为了购物而努力工作赚钱，恐怕离幸福还很远。我们从现在的"草食族"年轻人身上就可以明白这一点。

在第一章里我曾略有提及，人们对金钱的满足度取决于自身的控制能力。也就是说，只要我们自己觉得足够就可以，我们没有必要去赚取更多的金钱。

取代追逐金钱的，是去追求与金钱同等重要的"时间"。因为拥有时间，所以我们可以和家人一起度假，可以做自己真正想做的事情，生活既简单又充实，可以体验到更多的满足与幸福。

有一点需要注意，如果我们不考虑任何目的，仅仅为了一种"渴望得到"的感觉而一味追求，有可能招致不幸。拥有时间和拥有金钱是一样的，如果缺乏目标，拥有一大把时间却不知如何使用，那样也不可能感到幸福。

没有什么比拥有时间却找不到事情可做更难受的了，就好比勤勤勉勉工作了一辈子的人退休后患上了"退休综合征"一样。工作的时候虽然辛苦，却充实而幸福，一旦卸下重担变得无事可做，反而觉得人生无趣。无论是金钱还是时间，如果不设定追求与拥有的目的，得到再多也没有意义。

＞ 与其追逐地位的提升，不如追求自由

在过去，如果一个人在公司得到晋升，就代表他拥有了更高的地位。在一个充满竞争的环境里玩弄办公室政治，并成为最后的赢家，这对于普通的上班族来说是一件值得祝贺的事。在当时的世风之下，如果一个人一直原地踏步不能得到升迁，注定会被人轻视。

可如今不再是仅靠升职就能带来幸福感的时代了。当然，想要登上社长或高管之位则另当别论，以拥有可以供自己使唤的一大堆下属为奋斗目标也没什么不好。

不过，重要的是，这份工作要能让你有成就感，并且可以让你在自己的专业上不断成长。这样的话，不把升职当作目标也没有关系。

如果仅仅是冲着职位的升迁而在职场上拼搏，我们就可能会遇到很多身不由己的事。职位越高，束缚就越多，我们会变得越来越无法去做自己真正想做的事，甚至有一天连自己到底想做什么也弄不明白。我们经常可以看到这样的人，他们有时候明明想去工程现场做点儿实事，却不得不困在办公室里管理下属，最终逐渐丧失了在工作方面的自主和自由。

当然，也有不少人是真心热爱管理工作的，但由于管理工作难以给人自由，公司的管理层因此成为"压力症候群"。这样的例子很多。

我们已经不能像过去那样，固执地认为"既然要工作，就必须削尖脑袋不断向上爬"。仅仅为了被人关注而不断追求升职是没有意义的，更何况公司存在破产和倒闭的风险。

一旦公司不复存在，处境最困难的正是那些职位不高不低的人。如果风华正茂，且所具备的能力恰好是其他公司需要的，或者掌握了诸如研发之类的特殊技能，这样的人才很容易找到下家，但那些在原来的公司职位和工资都不错，而其工作内容却是换个人也能做，这样的人想要找到同等待遇的下一家公司就比较困难了。

因此，我们不要一味去追求在公司里的职位，而要致力于寻找自由自在的工作方式，寻找能创造出具体而丰富的工作成果的工作方式，寻找不断成长的机会。这并不意味着我们无须对工作付出努力，而是说在努力工作并有效提升工作技能的基础上，我们应该做出怎样的选择。

如果你既没有本事为自己在公司里赢得一席之地，又不能很好地带走在公司学到的本事，那么当有一天公司把你辞退的时候，你将变得无处容身。

> **与其在一流企业就职，不如从事自由职业**

如果是二十年以前，在企业里工作的人自然更容易获得幸福。因为在那个时代，做一名自由职业者是非常困难的，而如果作为企业的一名员工，则很容易得到更多的庇护。那个时候并不是自由职业者的春天。

现在却不一样了。很多人都认为自由职业者的黄金时代已经来到。做一名自由职业者，不但在收入上有很好的回报，工作方式还很自由，比上班族要幸福得多。例如在美国，有四分之一的劳动人口是自由职业者。

当然，即使是现在，还是有很多年轻人会拜倒在名企脚下，但这和追求职位一样，根本不能追求到对等的幸福。重要的是，我们不要总是和周围的人进行比较，不必把很多事情看得太重。

"某某已经升职了，我也要奋起直追"，"某某刚买了房，我也要买房"，这类借由与他人的比较来获得满足感的方式，和物质至上主义没有任何区别，也和诸如"上司还没有离开公司，所以我也不能下班"之类的想法一样过于被旧有的框架所束缚。

这样的做法是不会让人产生幸福感的。我们要贴近工作的本质，从专注于工作本身的投入感和成就感中寻找满足与自由。

如果你想创业，就必须招聘员工，寻找办公地点，做很多烦琐的事务性工作，而从事自由职业则轻松得多，所有的一切都可以凭借一己之力去完成，操作方式也可以由自己决定。自由职业者在很多方面都享有自由。

当然，这样的生活没有稳定的保障，有自由，也暗含着风险。正因为所有的一切都要靠自己来创造，所以自由职业对人的自律性要求极高。不过如果真有人能做到这些，他们对生活的满意度与固定职业者对生活的满意度是不可同日而语的。

如今，无论是笔记本电脑，还是移动电话、智能手机，都在频繁地更新换代。以前，只有大公司才能提供的构架，现在个人也很容易搭建起来。另外，我们还可以用开博客等方式来打造属于自己的自媒体平台。现在，哪怕不依附于任何一家企业，我们也可以做出比在企业里做出的更加丰富的工作成果，拥有更大的能量。

我并不是反对大家去大公司工作，也不是怂恿大家都辞去正式工作来从事自由职业，但我主张即使是在大型公司工作，我们也应该尽力创造出一种可以自由发挥、自行决断的弹性的工作方式。

我的一个朋友在一家著名的外资金融机构的某个部门工

作，部门一半以上的营业额都是他赚来的，他自立门户创立自己的公司后，该部门便被裁掉了。因为客户只认个人不认公司，因此他以"顾问"的身份帮助原公司进行业务拓展。我的这位朋友的工作状态就是终极的"社（公司）内自由职业者"状态。

即使我们达不到这位朋友的状态，只要能广泛地拓展人脉，或是拥有足够出色的成绩，或是具备只要自己参与，工作就会顺利进行的能力，那么成为一名自由职业者就不是一件难事。

话说回来，仅凭一己之力去改变一家公司并不容易，所以选择自由空间大的公司也是不错的选项。

顺便说一下，在北欧，自由职业者的人数其实并不多，只是在爱立信、微软和诺基亚这些大公司工作的人，他们所感受到的幸福感和自由职业者所感受到的相差无几。这些公司配置的硬件环境和福利待遇都堪称最好，同时这些公司还能为员工提供极具挑战性的工作，而且不干预员工的职业发展，使员工觉得自己的未来一片光明，这是因为公司给予了员工足够的自由。

能进入这类知名公司工作的人，当然都是一路过关斩将的优秀者，他们入职之后对工作环境很满意，自然就很少离开了。

> 与其一味推销，不如提供意见

你去服装店买衣服的时候，如果店员一直在你面前推销："这件衣服看上去不错""那件衣服也很好"，你会不会觉得很烦，甚至想一走了之呢？

虽然有人喜欢别人向自己推荐东西，但大部分人在逛商场的时候都希望"我自己看看就好，你不要理我"，直到看到自己喜欢的东西时，才希望有人上前服务。在此之前，如果店员喋喋不休，难免会让人反感。消费者的心态是很微妙的。

大多数销售人员虽然在大部分时间里已经非常努力地克制自己，尽量不要过分打扰客户，但有时候还是很容易让人生厌，即使勉强将商品卖了出去，还不得不面对客户高高在上的刁难："你得再优惠我一点儿，我才会买下来！"

一味推销是一种非常过时的工作方式，不但对提高业绩没什么帮助，也不容易让人获得幸福感。事实上，如果你是一名销售人员，你应该想办法让顾客成为你的长期客户。要做到这一点，你就必须让顾客充分了解你的工作。

所有公司都希望和优秀的人才合作。如果你能为公司创造业绩，公司就会主动示好："请你来帮帮我们吧！"

"希望你来帮忙做某件事"和"我给你做这件事的机会"，两者的含义是不一样的。作为合作伙伴，你是喜欢和对方平起平坐地工作，还是做一个受惠于对方的项目承包人呢？

　　成为别人需要的合作玩伴，这一点在所有的工作中都是适用的。现代社会注重"横向关系"，而不再是过去的"纵向关系"。如果是上下级关系，那些处于底层的人就很难有机会向上爬，他们的心理压力也会随之增大。如果能够一起构建出互相尊重、平等协作的合作关系，并创造出一定的工作成果，那么双方都能够赢得更好的发展空间。

　　想维持这样的平行关系，就需要创造出优异的工作成果，并想办法让别人认识自己。与其花大力气去进行自我推销，不如把精力放在自我宣传上，这样会更加有效。

　　落实到行动上，就是想办法将自己变成一个可以向别人提供意见和服务的人。

　　比如，如果你从事的是房地产销售工作，过去的做法是打电话到处推销，见人就问："有这样一套房子，请问你需要吗？"总是这样骚扰别人，即使对方有购房意愿，恐怕也不会购买。所以，你不如告诉客户："如果您在购房方面有任何想咨询的问题，请随时和我联系，我可以免费为您提供服务。"如此一来，双方的信赖感就会慢慢建立起来，这样对于拓展自己的工作大有裨益。用这样的方式工作，出工作成果的概率要比传统做法高出很多。

　　卖服装亦是如此。当顾客向作为店员的你询问："我喜欢这种感觉的衣服，你觉得如何？"这个时候你再发表意见，比较容易让顾客产生"我愿意在这个人手里购买衣服"的念头。

如果我们信奉物质至上主义，就会很容易只注重追求短期欲望，不断购买各种想要的东西。如果销售人员只想着如何在短时间内提高自己的业绩，就会只追求形形色色的营销手段，时间一长难免心生倦怠。

在销售过程中，即使你向客户提供意见，也很难保证你能立即和客户签下合同或卖出商品，但从长远来看，随之产生的效应将会非常可观，因为你的服务能让客户产生持续的满足感。

> 做不依赖任何平台、靠实力说话的人

"在公司身居高位，推特上的粉丝却只有几十个"和"在公司默默无闻，推特上却有上万名粉丝"，这两种人哪一种更有号召力呢？

如果你在知名企业身居高位，社会各界人士便会奉承你，就连你的邻居也会羡慕你："你的工作真不错呢。"无论公司内外，都会有许多阿谀奉承者，但这一切只限于你在这家公司做事的时候。如果你离开了公司，不知道还有没有人会主动找你。

因为这些人看重的并非是你的个人能力，而是希望通过你与你所任职的公司达成合作，并从合作中受益，其结果不过是使他们的地位和名声得到提升。你被社会各界人士看重和羡慕，不过借助了公司的力量罢了。

在推特或者脸书等社交媒体上，别人关注你是觉得你这个人很有意思，和你在什么公司工作没有关系。如果一个人在社交媒体上粉丝众多，且在某知名公司任职，那么当他离开这家公司后，他在社交媒体上的粉丝量不可能大幅度减少。

无论是推特、脸书，还是博客，都属于自媒体，我们可以在上面畅所欲言。若是在以前，一个人想要拥有自己的个人媒体平台是非常困难的，但是现在，每个人都可以做到。

我并不是说"比起推销自己，不如培养自己的粉丝群"，不过事实上，过去为了让别人认识自己，确实只能自己推销自己，现在，那些和自己素未谋面的人，全都可以成为自己的粉丝，帮助自己推销。

只要掌握了自媒体的力量，过去你是否拥有地位和名声就变得不重要了。一家历史悠久的出版社出版的一本格调高雅但发行量很小的杂志，与一家毫无名气的出版社发行的超级畅销杂志相比，哪一本杂志更能吸引广告商？同样的，一个在推特上只有十名粉丝的人，与一个拥有几百万粉丝的人相比，哪一个更容易得到工作机会呢？

虽然我们并不能通过一个人推特上粉丝数量的多寡来判断他的能力，但我想大家应该早已注意到，个人媒体、自媒体的力量要比我们想象的大得多。

公司是一个平台，推特也是。一旦大众厌倦了推特这个平台而移情别恋，那么推持上这种关注者众的局面就会发生改变。最后能够存活下来的人，是那些不依赖于任何平台、靠实力说话的人。

> 以愉悦的心态面对辛苦

以前我在美国留学的时候，经济相当拮据。每天的生活开支是两美元五十美分，连麦当劳都不能光顾。

我当时是怎么生活的呢？我会去超市购买可食用一周的便宜又厚实的吐司，再买一些火腿、奶酪、鸡蛋和冷冻薯饼，中午的主食是吐司夹奶酪火腿的三明治，晚上则煎些薯饼，在薯饼上摊个鸡蛋，然后蘸上沙拉酱吃。每天如此。

同学们白天一般在学校食堂吃，如果吃腻了食堂，他们就会去外面的餐馆改善生活。对此，我只是淡淡地看着，不为所动。我的法国室友见我可怜，每个星期会帮我煮一两次饭。尽管如此，留学生涯结束后，我还是瘦了一大圈。

别人听我讲述这段经历，都会感叹："那真是太苦了。"我却不以为然。我真的不觉得自己那时的生活有多苦，反而觉得很有趣。因为如果一个人能看到前面的目标和终点，他就不会在乎所谓的辛苦。

以前我不喜欢马拉松，觉得跑步不仅辛苦而且无聊透顶，而现在我却想去挑战3.8公里游泳、180公里自行车、42.195公里跑步的"超级铁人三项"。

年近四十，我开始关注健康，于是接触到了运动。没想到尝试之后，我对运动的兴趣越来越浓，于是定下挑战"超级铁人三项"的目标。如果觉得跑步辛苦，那么不管跑多远，心里都会感到厌倦。如果将跑步定为"目标"，做的虽然是同样的事情，跑步时却感到有一股莫名的冲劲在体内涌动，结果连跑步的速度都变快了。

"被迫而为"和"主动想做"的状态是完全不一样的。

工作上也是如此。如果你觉得一件事情"很辛苦但不得不做"，或是做某件事有被人"逼迫"的感觉，心理压力就会陡然产生。这时候缓解压力的方法或者是多想想如何使自己快乐起来，或者是想办法找到自己真正想做的工作。

人生在世，我们本应该去享受那些真正可以给我们带来快乐的事情。有些事情在旁观者看来非常辛苦，只要当事人乐在其中，当事人就可以创造出优异的成绩，得到更大的收获。

只要我们以愉悦的心态面对辛苦，那些在别人看来备觉辛苦的事或者过去绝对不会去做的事，就有可能变成我们全新的幸福。

> 保持独立思考的能力

在第一章里我说过，如果被固有的常识束缚，我们就不可能获得新的幸福。因为常识是过去的人总结的经验，被常识束缚，自然也就无法摆脱陈旧的价值观。

很多老一辈人时常苦口婆心地教育年轻的"草食族"："你们怎么可以活得这么清心寡欲呢？你们不知道可以买很多很多的东西吗？开着法拉利跑车去兜风是多么幸福的事啊！"这些老一辈人抱持的价值观本身就有问题，现在的年轻人再按照这样的常识生活，自然不可能得到幸福。

经常有人说："我爸妈说（我老师说或是我领导说）这是常识。"我想，说这种话的人有必要思考一下，事实是否真的如此。在当下，你觉得什么东西最好，应该根据自己的感受来判断。

对于那些被称为"草食族"的学生，我想说："对于师长和父母说的话，固然要尊重，但最终还是应该相信自己的判断，因为你们这一代年轻人才是'进化'的族群。"

事实上，这是我的切身体会。二十多年前，也就是泡沫经济时代，当时还是学生的我一心希望毕业后能进入外企工作。当时，大学就业指导中心的老师一再劝诫我："你真的这么决定吗？这么做风险很大呀。"还有很多人忧心忡忡地对我说："去外企工作，可能很快就会被解雇，到时候你怎么办呢？""外企员工至少需要熬十多年才能出人头地。"他们所表达的都是一些非常保守、老旧的看法。

假如当时我听从了他们的建议，现在一定过得不快乐。因为当时我打算在最短的时间里学到技能，然后出国留学，所以我对自己的判断深信不疑，毫不在乎别人的看法。

我认为，虽然走自己选定的路未必会一帆风顺，但是也没有必要去走别人为自己铺就的路。

我原本就是一个不喜欢约束的人，非常讨厌别人向我灌输诸如上班不可以迟到、衣着要西装革履之类的常识。在我看来，那些可以容忍这类常识的人是这个社会的危险分子。我在学生时代听到的"不能染发"或是"头发一定要剪到这个位置"等严厉要求，以及告诉我们不能轻易去质疑任何常识的劝诫，说到底都是试图对人的思维进行洗脑。

我并不是怂恿大家质疑、违背、反抗所有常识，只是提醒大家要保持独立的思考能力，要运用自己的标准和价值观去对人或事做出判断。

对自己来说什么是最重要的，找到这一点并不需要绞尽脑汁去思考。我们都应该花点时间好好想想"到底什么是幸福","别人的看法和自己的观点有多大差别",否则,就很容易被所谓的常识牵着鼻子走。人如果不经常花时间去思考,就很容易误入歧途。

> 小众市场具有更强的购买力

最近,我们经常听到"小众市场"或是"小众产业"的说法。所谓"小众",指的就是"非主流"的意思。

在过去经济快速增长的时期,人们比较从众,普遍希望拥有电视机、汽车等物品。那时候,大家喜欢的东西和热爱的事物,包括兴趣爱好都大同小异,关于什么是幸福的价值观也非常相近。在那样的时代里,生产商只需要抓住大众的需求,就可以生产出畅销的商品,让所有人同时感到幸福。

现在的环境不同了。现在是一个轻购物时代,并非所有人都需要同样的东西,物质也不能解决人的所有问题。什么东西能让自己感到满足,什么东西可以给自己带来快乐,关于幸福,每个人都有不一样的解读。

现在,每个人关注和努力的方向都不尽相同。如果我们墨守成规,依然像过去那样将大众当作关注的目标,那么很有可能会偏离方向。甚至可以说,现在大众到底在哪里,都

重视小众更甚于重视大众：以今代司酒造为例

一般的酒庄

酒庄　小卖店　观光客

大量出货、大量消费＝以大众为销售对象

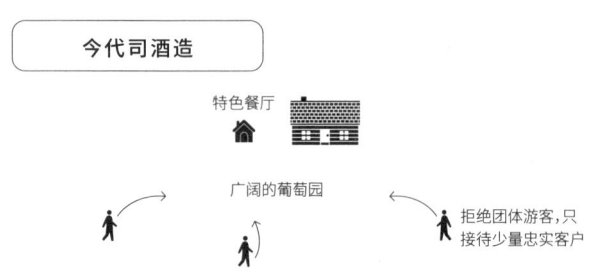

今代司酒造

特色餐厅

广阔的葡萄园　拒绝团体游客，只接待少量忠实客户

少量生产、少量消费＝以小众为销售对象

> ⚠ 如果以大众为销售对象，便选择了错误的消费群体；事实上，小众具有更强的购买力，更容易实现销售业绩。

很难说清楚。

即将到来的未来是一个小众的时代。形形色色的个性化文化正在兴起，让人不断发出"怎么会这样"的感叹。

仔细想想，推特就是一个很好的例子。与博客和 SNS 等社交媒体不同，推特这种只容纳一百四十字的电报体是典型的非主流文化。小众市场到底有多火，我们从推特的流行可见一斑。

做生意也是一样。你听说过新潟县的今代司酒造（即 Cave D'occi 红酒酒庄）吗？一般来说，酒庄都非常欢迎观光巴士搭载大量游客前来参观，并借机销售红酒。然而，通过《我盖酒庄的理由》(落希一郎著，钻石出版社) 一书，我们了解到，今代司酒造拒绝接待团体游客，只向少量忠实的客户开放，酿造红酒也只使用日本的葡萄，且抱持"少量生产、少量消费"的理念。

虽然红酒销售是一种大众商业行为，今代司酒造的红酒销售却另辟蹊径，只面向小众。该酒庄的主要特点是拥有大片的葡萄园、历史悠久的民俗餐馆和特色十足的美味面包。从某种意义上说，参观该酒庄和去迪斯尼乐园游玩差不多，如果不亲自前往，是无法深度体验的。

无论是为他人工作还是自主创业，我们都应该瞄准小众。小众更能汇聚力量，也更容易忠诚于品牌，所以销售者就能取得更加显著的销售业绩。

> 比起短期的加薪，更应重视个人品牌的积累

就消费税而言，丹麦、瑞典和挪威均为25%，芬兰为22%。国税与地税相加，即为国民负担率。丹麦、瑞典、挪威和芬兰的国民负担率分别为69.9%、59%、54.8%、59.3%（数据来源参见P55）。这些国家的国民所承担的税金着实不轻，甚至可以说非常高。如果让日本人承担这么高的税金，恐怕他们中的很多人早就移民了。

在采访北欧居民时，我问过很多人："你有没有想过去一个税金相对低的国家生活，做的工作和现在的差不多，但能攒下更多的钱？"受访者都这样回答道："我没有想过去其他国家生活。"我追问道："在什么情况下，你才会想去其他国家生活呢？"丹麦某房地产公司的职员克莉丝汀·布拉贝斯这样回答道："我不会因为税金高而移民。如果有一天我想去别的国家生活，一定是因为出现了更具挑战性的事情。"

除非税金继续增加，或者出现了另外的问题，我才会考虑去其他国家生活。即便如此，我可能是想体验一下异国文化，想学习另外的语言，或是迎接其他的挑战，才选择出国的。

——弗雷德里克/丹麦/制药公司职员

他们列举的不愿意离开祖国的理由，无外乎重视家庭、珍惜自己的成长环境。让我印象深刻的是，他们大多不会因为金钱的原因而采取任何特别的行动，也不会去追求眼前的东西，只希望自己可以获得更多的成长，并努力去追求那些有趣的事物。

在前面的文章中，我反复强调，一个人如果只注重眼前利益和短期目标，那么他是无法长久维持其所得到的满足感的，也就不可能获得幸福。

在经济快速发展时期，升职或许意味着薪资会得到相应的提高。现在如果我们问那些因为今年升了职而沾沾自喜的人："你们觉得五年之后会如何？"我相信他们无法回答这个问题，因为五年之后别说维持现在的工资涨幅，能不能保住这个饭碗都很难说。

即使是跳槽换工作，新公司开出的条件不外乎是年薪增加一两百万日元，或是更高的职位。可如今时代不同了，我们选择新公司的时候必须考虑自己将来能否得到成长，或是这份选择能否让自己的技能在未来得到提高，因为这样做才能对自己未来的发展真正有所裨益。

升职或加薪都不可避免地会受到经济环境的影响，不管你在公司的职位有多高，或者你所服务的公司有多知名，你都有可能迎来公司倒闭的那一天。一切由公司带来的喜悦感都不过是昙花一现，相比之下，具有个人特色的工作技能和个人品牌不会因为外部环境的变化而降低或消失。

不要一味地追着眼前的东西跑，要珍惜潜藏的各种机遇。在这个缺乏持续性的时代，保证个人持续进步的唯一方法，是不断提高自己的能力，打造自己的个人品牌，并不断提升个人口碑。

＞ 在咖啡馆、公园、健身房等场所办公

正如前文所说，现代社会的工作方式比较多样，并不一定要局限于关在具象的办公室里做事。只要能够按时完成自己的工作，你可以随时随地找到自己的办公室，甚至就算不是自己的地盘也没有关系。

瑞典网络公司的高管克赫里斯蒂安·博乐斯坦特就采用这样的方式工作："我不必每时每刻都待在办公室里。我可以在咖啡馆里工作。只要能够连上网络，我可以在任何地方上班。夏天，我可以和工作伙伴一边度假一边工作。可以在喜欢的时间段里做自己喜欢的工作，这就是一种幸福。"

我有自己的办公室，但百分之八十以上的时间，我都是在办公室以外的地方工作。我的办公室只用来和他人开会。思考问题时，我需要呼吸外面新鲜的空气，所以自然会选择

到办公室以外的场所去工作。

我比较喜欢的用于独立思考的"个人办公室",首先是我家附近的星巴克。我特别喜欢星巴克的桌椅,甚至托人去问在哪里可以买到,然后购置了一套放在公司的露台上。

其次是在飞机上和新干线的列车里。那样的空间好比密室,再加上轻微的晃动,真是舒服极了。其实这个章节的内容,我就是坐在从夏威夷飞往日本成田机场的机舱里写下的。

为什么不在公司的办公室里做这些事情呢?因为在那样的环境里,我会忍不住上网,或者查找相关的资料,难免就会接触到一些无用的信息。在飞机上工作,因为不能使用网络,也就不会被其他不相干的事情打扰,这样反而能够激发我的创造力,并提高我的工作效率。

除此以外,我还习惯在夏威夷家中的游泳池边和日本健身房的游泳池边工作。有时候我会一边在代代木公园跑步,一边开会或者构思商务策略,最近甚至觉得工作时完全不必坐在椅子上。

和我一样,提姆·雅鲁文也有在公园或森林等自然环境中办公的习惯。

为了改善心情,我有时候会到有着不同景致的地方工作。从那些地方回来以后,所有的困扰仿佛都迎刃而解了。有时

从公司办公室到个人虚拟办公室

家庭庭院

在附近的咖啡馆

在公园里跑步

旅途中

① 不要拘泥于办公室的具体形式,可以把所有的场所都当作自己的办公室!

候窝在办公室或是躺在沙发上是没有办法解决那些难题的，但只要走出家门爬山打猎，活动一下筋骨，脑子就会焕然一新，新思路不断涌现，解决难题也就很容易了。

——提姆·雅鲁文/芬兰/家具设计师

当然，我相信有些公司提供的工作环境非常优越，但我还是很难遇到让我产生"好想在这里工作"的念头的办公室。尤其是在东京市中心，办公室所在写字楼的前前后后，全都是密密麻麻的高楼大厦。在这样的环境里，我是不可能开心工作的。当然，如果办公室位于高楼顶部的观景台，或是设在郊外，随处可见美丽的风景，那就另当别论了。

回想从前，当我还是一名公司职员的时候，我总是觉得公司的氛围太过沉重，所以时常溜到外面去工作。我想，大家现在不必拘泥于"没有办公室就不能做事"的陈旧观念，我们可以把各种地方都打造成自己的"个人办公室"。

＞借助生活方式这个共同语言拓展自己的世界

所谓使用全球性的通用语言与人沟通，不是指会说一口流利的英语或者几句优雅的法文。这里的"使用全球性的通用语言"不是掌握某种纯语言的意思。

不管在什么地方，都存在只有同伴们才能心领神会的"区域性语言"，譬如我们的学生时代就存在只有同学之间或是参加了同一社团活动的社友之间才能明白的"隐语"，也就是所谓的流行语。这样解释应该比较容易理解了。

进入社会之后也一样。特别是工薪阶层，因为有公司文化作为基础，加之大家从事着相似的工作，所以很容易形成相似的认知和话题，也就更容易形成只有彼此才能明白的"隐语"。

我们要明白，一旦迈出公司的大门，在公司流行的"区域性语言"就不太能派得上用场了。

你不妨想一下自己周围是否有这样的人。他们对公司以外的社交圈很热心，虽然积极致力于与不同的人进行交流，却总是三句话不离本行，说来说去都是和工作有关的事。"你的公司在什么地方？你是做什么工作的？"或者"我的主管如何如何，我的下属则如何如何"，啰唆了半天，难免会让人产生这样的想法："原来他只能说一些和工作有关的事情呀。"

如果在场的人全部都是日本人倒也罢了，如果碰巧有外国人在场，只懂公司"区域性语言"的人和外国人的共同语言就更少了。这样的人就算英文说得再流利，也只会让人产生这样的想法："这个人只剩下空洞的英文能力，很无趣。"

我们到底应该具备哪一种"语言"呢？事实上，有关运动、红酒、美食、文化或是历史方面的话题都是不错的选择。掌握一门任何人都听得懂的"共同语言"非常重要，因为它展示的是你的生活方式。

就我个人而言，铁人三项就是我擅长的"语言"之一。通过挑战铁人三项，我结交了许多不同国籍、性别，和工作无关，没有任何利害关系的朋友。没错，任何兴趣爱好和生活方式都能成为一种"语言"。

许多参加过国际赛事的运动选手都能讲一口流利的英语、德语或意大利语，但我想从小就开始学习外语的人应该不多，所以比起一口流利的外语，其他的共同语言才是真正促进人际交流的关键。足球选手的共同语言是足球，棒球选手的共同语言是棒球，如此人们便能拓展自己的世界。

电子邮件和互联网的出现打破了人们的沟通壁垒，人与人之间的交流比过去更容易、更频繁了，在这种情况下，你如果能够借助生活方式这个共同语言与人交往，你的整个世界将会变得更加开阔。

＞比起短暂的大幸福，长久且可持续的"小确幸"更让人感到幸福

在第一章中，我曾经谈到，从物质中获得的幸福感是

短暂的，相反，从个人的感受和体验里得到的幸福才更为持久。在第二章中，我阐明了自己的观点：升职不可能给人带来持续的幸福感，个人品牌和专业技能的不断提升才可能让个体的幸福感持续下去。

从以上两点我们可以看出，在未来，"幸福"的定义将发生改变，和那些短暂的大幸福相比，长久且可持续的"小确幸"将会占据主导地位。

哪些属于"短暂的大幸福"呢？比如"买到喜欢的东西""加了薪水""拿到丰厚的年终奖"等。长久且可持续的"小确幸"则因人而异。比较常见的包括"家人健康""每天都能愉快地工作""有时间过自己真正想过的生活"，或者像"今天早晨的早餐格外美味""舒服而顺利地跑完了马拉松"等平常小事。

以上提到的每一件事都可以称为幸福。如果从结果来看，显而易见，那些微小而平凡的幸福更能让人感到满足。

怀揣着梦想努力工作，如果做到一半便放弃，这样或多或少会让人感到失望。因此，人应该尽心尽责，做好自己分内的事，珍惜每一次机会。为了做到这一点，我的做法是制订长远的计划。

—— 伯坦斯·帕克莱顿/瑞典/微软公司职员

**比起短暂的大幸福，
长久且可持续的"小确幸"更让人感到幸福**

短暂的大幸福

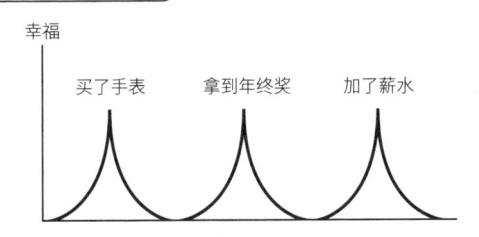

幸福

买了手表　　拿到年终奖　　加了薪水

长久且可持续的"小确幸"

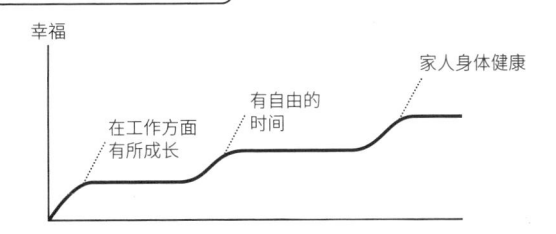

幸福

家人身体健康

有自由的
时间

在工作方面
有所成长

！ 短暂的大幸福难以持续，
但长期的"小确幸"却可以！

大家都知道，所有转瞬即逝的幸福感都无法长久地持续。短暂的幸福感大多和物质有关，而长久的幸福感则是由精神层面的体验和感受决定的。

一提到"追求幸福"，大部分人就会想到一些大目标，比如"中头彩"之类。当然，不管是谁，买的彩票中奖了都会很开心。意外得到一笔不用工作也能奢华度日的金钱，人就可以感受到幸福吗？我听到的例子大都恰好相反。

"小确幸"这个词第一次出现，是在作家村上春树的一篇散文中。它的意思是，虽然得到的幸福和满足非常微小，却能让人确确实实地感觉到，也足以让人把日子好好地过下去，而我也是这么认为的。

等红灯的时候，抬头看到皎洁的月亮，内心涌出无限的感动，这是一种幸福；女儿给我画了一幅很美的画，这也是一种幸福。不必一天到晚思考自己到底幸不幸福，在某个不同寻常的瞬间，幸福感会飘然降临。

——芭芭拉·玛丽努·费希尔/丹麦/医生

真正的幸福，来自自己的生活体验，由日常生活里一点一滴不经意的喜悦感积累而来。

> **在方便快捷的时代刻意追求一些"不便"**

之前我提到过,北欧人都有自己的度假屋,但他们的度假屋和我们所说的别墅不是一个概念。他们的度假屋有一个显著的特点,那就是生活非常不方便。

提姆·雅鲁文的度假屋位于距离苏兰的首都赫尔辛基一千两百公里的地方。那里没有电,也没有自来水,距离最近的一家商店有七十五公里之远。

每次去度假屋我只待一个星期左右。夏天时,傍晚和凌晨的天空都非常亮,不用开灯。因为不能充电,手机带去也没用。我就这么静静地栖身大自然,没有电视、电脑等现代化设备。这样的生活可以让人彻底平静下来,有点被净化的感觉。

——提姆·雅鲁文/芬兰/家具设计师

在接受我的采访时,很多人都提到了自己的度假屋,他们的度假屋大多位于交通不太方便的地方。

在芬兰,度假屋大多建在接近自然的地方,要喝水的话当然只有靠自己到井里去汲水了。

——阿尔特·托努纳/芬兰/诺基亚职员

> 在一无所有的地方，人会有很多必须要做的事情，例如砍柴等。手里忙着这些事，时间很快就过去了。有很多事做，这本身就是一件叫人开心的事。
>
> ——妮娜·可妮安达/芬兰/Littala出版社职员

在前面的"从'厉行节约'到'主动选择简朴'"（P70）一文中，我表达过这样的观点：有时候，我们需要主动选择简朴。在这个方便快捷的时代，人需要刻意去追求一些"不便"。如果是被迫去做，你可能会觉得种种不便让人非常辛苦，但如果是主动选择的话，你就会发现很多的乐趣。

在我所居住的夏威夷，生活方面的不便程度虽然不能和北欧人的度假屋相比，但在某种程度上，也算是很不方便。因为我家附近就有大型卖场，所以采购食品和日用品还算很方便，但如果要购买像铁人三项的用具或是家具之类的东西，就让人颇为头疼。虽然可以邮购，但因为物品要从美国本土运来，所以需要很长时间才能收到。再比如买书，若是在日本，我在亚马逊网上订购，今天下单明天便能收到。夏威夷没有亚马逊的配送网点，我在网上下单买书，通常需要很长一段时间才能收到。

在日本，只要不是特别偏远的乡村，每走十几分钟就可以看到一家便利店。如果是在夏威夷进行马拉松集训，就有可能遇到"从现在起,之后的二十公里内不会有任何商店"的情况,的确很不方便。这样的不便会让人很焦虑,但没有办法,只好硬着头皮继续跑下去,心想:"算了,没有就没有吧,车到山前必有路。"

也许,在这样的地方生活,完全是强人所难。现在,通信技术高度发达,就与人的信息交换和联络而言,空间根本就不是问题。

只要善于运用工具和设备,就能提高工作效率。在这种情况下,那些微小的不便之处反而显得有趣,有利于形成新的刺激,让满足感的阈值下降。

在每天的寻常生活中,许多看似普通的东西其实都来之不易。感受这些来自生活的点滴恩惠,也是让人产生幸福感的方法之一。

> 比起金钱,更重要的是精神层面的充实感

"比起金钱,更重要的是精神层面的充实感。"

对此,估计有人会反驳:"不会吧。我倒觉得薪水上涨1.5倍更好。难道不是吗?"的确存在这些不同的声音。如果在一个将薪资高低摆在第一位的世界里,他们的观点自然是成立的,但未来未必还是如此。在未来,即使我们拼命工作,工

资不但不会上涨,甚至还有可能大幅度下降。从时代的发展趋势来看,试图从对金钱的追求中获得幸福是不合适的。

确立我们努力工作的目标和享受工作带来的愉悦感,并非只能依靠薪资的上涨。在北欧采访的时候,我问当地居民从工作中获得的最大乐趣是什么?金钱诚然很重要,但更多的人回答道:"我想做更有挑战性的工作""想从事能带来成就感的工作"或"希望能够得到成长"。由此可以看出,他们渴望从工作中得到丰富的体验和精神上的满足。

和金钱相比,更重要的是工作的内容。工作内容是否具有挑战性非常重要,因为它关乎这份工作是有趣还是无趣。在获得高薪的前三个月,你或许感到非常满足,但三个月之后你就会开始渴望更高的薪水。
——克莉丝汀·布拉贝斯/丹麦/房地产公司职员

最重要的是自己的工作能得到出色的评价,会让自己有动力去挑战更难的工作。当然,丰厚的薪水和投缘的同事也很重要,但那是次要的事了。
——波坦斯/瑞典/微软公司职员

现在,有些"草食族"年轻人有这样的想法:"反正我对物质没什么欲望,所以我不太需要钱,也不打算努力工作。"

在气候温暖、物产丰富的夏威夷，有极少数的原住民是不会选择工作的。对那些人来说，如果"不工作"更快乐，那么鼓励他们去"努力""拼搏"就是强人所难。因为一旦他们选择了工作，而耗费了其人生绝大部分时间的工作又给他们带来了巨大的压力的话，他们就很难感受到幸福了。

不管是从团队合作中获得成就感，还是虽然拿着很低的薪水却能不断学习成长，只要能让工作变得令人愉悦，精神上感到充实，工作所带来的压力就会被慢慢化解。通过工作来让自己成长，你会不断发现新的挑战，进而觉得自己的工作充满乐趣。通过工作，我们可以看到自己的未来。

> 提高工作效率，改变"重量不重质"的习惯

我们努力工作的目的，不是为了和所得的金钱画上等号，也不是为了混日子打发时间。

在造访北欧各国的过程中，我遇到一位在丹麦生活的日本女子佛罗史帕克·田中聪子。由于先生是丹麦人，聪子结婚后便移居丹麦，在位于丹麦的公司总部上班。总部的工作内容和她在日本的工作内容差不多，在日本工作时，她常常加班到很晚，而在丹麦，每天做满八小时她就下班。周围的同事都是在上班时间内尽力将事情做完，她也就慢慢被环境

所同化。一个人效率低是很可怕的,因为它会让你被人贴上"工作能力不足"的标签。

日本公司有很多不成文的规定,比如主管没有下班,下属就不能离开;为了讨好客户,即使过了与客户约定的时间,还是要像傻子一样继续等待客户;等等。就这样总是把时间浪费在一些毫无意义的事情上,工作时间才会被拖得那么长。
——佛罗史帕克·田中聪子/丹麦/船舶公司职员

不过,话虽这么说,谁也不是一开始就敢向老板声称:"我的工作时间只能是早上九点到下午五点,我一分钟也不会多干!"

为了更有效地处理事情,在达到从量变到质变的临界点之前,我们必须经历"重量不重质"的阶段,在做了很多看似是无用功的事情之后,慢慢才会有新的发现。

比如,棒球运动员铃木一郎的打球姿势轻松自如又非常有效率。这样的打球姿势并不是轻轻松松便能掌握的,而是经由长期的严酷训练,日积月累锻炼出来的。

不管是棒球,还是高尔夫、网球,但凡运动,都有一个规律,那就是——"当运动员处于放松状态时,他能取得更好的成绩。"

反思"为什么要用蛮力"就已经是一种进步。同时，反思也是我们摆脱"重量不重质"阶段的机会。

年轻的时候，我们也许会为了查找某些资料而通宵达旦，也许会独自前往客户处进行推销，即使自己并没有待在公司加班，也会在家里将很多事情尽善尽美地做好。

我并不是鼓励大家延长自己的工作时间，而是说，如果想高效率地工作，必须经历这样的阶段。如果跳过这个阶段，那么很难从"重量不重质"中突围出来。

造访北欧各国时，我曾经问担任销售主管的托马斯·弗罗斯特："如果从年轻的时候开始就每个星期只工作三十七小时，可能很难把工作做好吧？"

他回答道："以足球训练为例，其实只要足球运动员在训练馆练习两个小时，就一定能提升球技。如果一位足球运动员练习了四个小时还没有一点进步，那就说明他效率太低了。当然，这也说明他的训练方法不对。"

就像聪子女士，如果她在丹麦工作，那么不管工作时间缩短了多少，她依然必须做出成绩。

即便是现在，日本社会仍然存在着这种观念：每天的工作时间越长，就表明对工作越负责。事实上并非如此。我们必须接受这样的观点："每天在公司工作的时间越长，说明工作能力越差。"如果某个公司不认同这样的观点，那么它一定很难获得长足的发展，当然，前提是员工的工作效率也有很大的改善。

> 从"以他人为中心"转变为"以自己为中心"

早在学生时代，我就认为自己毕业后不适合进入大公司工作，其中一个原因是我认为在大公司工作无法自行决定工作内容。这样的情况在日本社会仍然比比皆是，比如希望从事销售工作的员工，被分配去做与销售毫不相关的事。

这样的事情在北欧国家是绝对不可能发生的。在北欧，如果一个人想从事市场营销方面的职业，或者想进入投资部门工作，那么他从大学时代开始就需要学习相关的工作技能。进入社会之后，如果他想要变更工作领域，就必须从零开始。

在日本，人们所从事的工作通常与大学时代所学的知识毫无关系，进入职场以后，他们可能被分配到各个领域工作，不少人还会中途被调动职务。从某种角度来看，这样的择业方式也有一定的合理性，因为每个人未必从一开始就很了解自己，太早确立自己的职业生涯发展方向并不合适。不过，浑浑噩噩混上四五十年之后，仍然过着自己完全无法掌控的人生，我认为这种情况挺危险的。

人在进入一些比较大型的公司工作以后往往会受到公司的保护,会渐渐丧失部分能力,比如判断力、树立新价值观的能力等。在大公司工作,人只能一个萝卜一个坑地待着,循规蹈矩地服从公司意志,比如"几月几号你必须接受升职考试","你要被派到那里去工作",或是"你要被调到这个营业点去工作"等,一直在他人铺就的轨道上行驶。慢慢地,人就变得像一只温水中的青蛙,不再轻易质疑,也就慢慢地丧失了独立思考的能力。

如果你能从这样的生活中感觉到快乐,那也不错,但转调真的适合你吗?还有,等你熬到和我一样有二十年的社会经验之后,一心想要从事销售工作,却被公司指派去担任行政职务,这样的指派你真的可以接受吗?如果你对这种情况没有半点质疑,甚至根本无法做出任何决定,你不觉得这样的人生很可怕吗?

如此一来,你还可能受到周围人的影响,逐渐变得随波逐流。看见别人买了房子,你就下定决心"我也要买";看见别人换了新车,你就认为"三年换一辆新车是正常的";等等。随着时间的流逝,你越发迷失自我,不知道自己究竟想要什么。

不管是工作、生活还是娱乐,能够体验各种各样的人生固然重要,但在体验的过程中,如果你缺乏充足的判断力训

从"以他人为中心"转变为"以自己为中心"

- 老师:学生严禁染发!
- 父母:还是赶紧去工作吧!
- 朋友:差不多该结婚了吧?
- 同事:你不买房子吗?

→ 自己

↓

不要受周围人言辞的影响!

> ! 对自己来说,到底什么是幸福?
> 认真想想,自己真正想做的是什么?

练，就很容易被其他人影响，久而久之，你就会丧失基本的是非判断能力，就连什么是对什么是错，自己到底想要什么都弄不明白。

▶ 改变每天既定的生活模式，享受变化

2011年，我做了一个重大的决定，将那一年设定为自己的"移动年"，然后一鼓作气把日本的家、日本的办公室和夏威夷的家全部换了地方。

当时，我在原来的日本的家里已经生活了十年，日本的办公室用了七年之久，夏威夷的家也住满了五年。我在这三个地方住的时间都不算短，而且我也说不上对它们有什么不满意。

那么我为什么要搬家呢？因为我觉得如果人长期在一个地方居住，他的思维就会变得僵化和呆板。当然，人若不折腾，就会省掉很多麻烦，要知道搬家是相当辛苦的。可我还是渴望那种经由变动所带来的变化，那种变化能让自己的思维变得更为灵活，让自己的想法变得更富有弹性。

当然，我们可以分步操作，今年先换住宅，明年再换办公室，后年再做其他的变动。人们通常会这样安排，因为我的意志力比较薄弱，如果我给自己设定三年的期限，那么这样的计划注定会无疾而终，所以我才一鼓作气地采用了这种

极端的方法,"如果要换,就换个彻底","无论如何,今年之内一定要全部搬完"。

现在的我过着往来于日本东京和夏威夷之间的双城生活,一年中大概有半年的时间在日本,有四个月左右的时间在夏威夷,余下的两个月我会到新西兰或澳大利亚等国家去旅游。我觉得自己比一般人的旅游次数要多,而且已经体验到了相当丰富的变化,但我还是有强烈地想要再做些什么的想法,而且我十分相信自己现在应该这么去做的第六感。

这样做的确并不容易,却能使人获得丰富的体验,因为这样做能给人带来无数新的机会与发现。

在这个瞬息万变的时代,最可怕的就是人会被一些毫无道理可言的常识所束缚。若想摆脱常识,就必须定期采取一些建设性的"破坏"。

所以,请大家务必主动寻求变化,进而喜欢变化、享受变化。如果搬家太过伤筋动骨,你可以考虑换条上班路线,或是逛一逛平时不太感兴趣的店铺,尝一尝平时不太感兴趣的食物,跟平时没什么来往的人见见面……

你可能深受所在公司固有观念和团体文化的影响。此外,每天走固定的路线去上班,吃同样的午餐,只和公司的同事来往,这样下来思维迟早会变得僵化。

LESS

I   S

M   O   R   E

Chapter 3

为了自由地生活,必须舍弃一些东西

＜找到对自己来说最重要的东西

如果你抱持这样的想法,"我想尝试双城生活,但我也想在市区或郊区购置豪华的住宅",或者"我想尝试双城生活,不过我必须先买一辆超酷的名车",那么,没有钱是实现不了的。

我反复强调过,如果一个人这也想要,那也想要,是不可能获得幸福的。如果想过上幸福的生活,首先要弄清楚对自己来说,什么是最重要的,什么是无足轻重的。

如果你去问那些渴望婚姻的女孩子的择偶条件,你可能会听到类似的回答:"身材要高,钱要够多,除此以外,还要……"通常说来,恰恰是这样的女孩子很容易被"剩"下来。

喜欢说"因为他不够高"或是"我不喜欢他这一点"的女孩子,往往很难找到好的归宿。世上哪有十全十美的人呢?如果都不知道自己在哪些方面绝对不能妥协,而在哪些方面可以将就,就算有一天幡然醒悟也为时已晚,因为已经浪费了大量的宝贵时间。

如果一个人非常清楚对自己来说什么是最重要的,就可以干净利落地舍弃那些不需要的东西。与其说是"化繁为简",不如说是"刻意放手"更为贴切。这样就能清晰地了解自己应该朝着什么方向行进,从而找到真正属于自己的幸福。

不能决定自己人生的人,常常会在情绪的低谷徘徊。如果不能探索到自身内在的快乐来源,当然会是这样的结局。因为拥有再多东西都感到不满足,所以才会见到什么都想要,无休无止地索求。

以前,人们若是能够拥有社会和公司所给予的东西,就会感到很幸福,但现在,每个人都必须主动做出选择。人们必须经由思考,选择属于自己的幸福——无一例外,所有人都必须这么做。

佛罗史帕克·田中聪子女士婚后在丹麦开始了自己的新生活。她认为丹麦要比日本先进三十到四十年。以前,丹麦的税金也不高,而且也很重视人际礼仪与上下关系,和今天的日本非常相似。

因为引入了移民制度,丹麦人的生活品质在"平等化"后被整体拉低,人们不得不向政府缴纳非常多的税金,靠丰厚的福利保障度日。由于丹麦的物价很高,大家都必须努力去工作,这样的平等性恰恰是值得日本学习的地方。

——佛罗史帕克·田中聪子/丹麦/船舶公司职员

日本也许正像丹麦一样,一步步朝着这样的方向行进。

找到对自己来说最重要的事

- 从事喜欢的工作
- 同居
- 有时间和家人在一起
- 生孩子
- 结婚
- 赚钱
- 买房
- 买车

! 自主决定自己应该走的路，找到让自己快乐的生活方式！

北欧模式、夏威夷模式以及澳大利亚模式的国民幸福指数都很高,但三者并不完全相同。如果只是单纯地模仿,我想是无法真正感受到幸福的。

我们可以选择一种适合自己的模式,再大胆修正,果断地舍弃一些东西。幸福,是靠自己实践出来的。

＜不必为获得丰厚的津贴和福利而从事束缚重重的工作

接下来我要谈论的观点比较具体。过去,证券公司会为分公司主管级别的管理层配备专车和司机。证券公司的很多员工甚至为了能享有专车而努力工作,而有些经理觉得能享受专车福利简直是幸福无比。

后来,为了节省成本,证券公司取消了这项福利,据说当时有人为此进行过激烈的抗争,由此可见对于那些埋头苦干坐到主管宝座的职业经理人来说,专车和"御用"司机的分量有多重。

站在公司员工的立场上,我非常能够理解这些人心中构建的幸福蓝图轰然倒塌那一刻的幻灭感。不过,如果一个人是因为待遇中附带了无条件用车的福利才肯努力工作,或者因为拥有这样的福利而感到开心,我觉得他们的做法和心态扭曲了工作的目的。

我的一位邻居是某公司的高管，每天早晨他的公司都会派车来接他上班。不知道从什么时候开始，他改成步行上班。当我遇见他时，他的神情看上去十分落寞。

等到退休或是降职时，公司会将配备的车辆收回。既然如此，为了这点福利而错失对自己来说真正重要的东西，不如在一开始的时候就拒绝接纳，或者早一点主动放手。

因为出差而搭乘商务舱或头等舱，用公司的公款宴请客户到昂贵的米其林三星餐厅用餐，或是住在公司负担的租金很高的公寓里，这些都是公司提供的福利。

若是把这些福利当作自己辛勤工作的补偿，不如做一些令自己更加愉悦的工作，然后花自己赚来的钱，搭经济舱出门旅行，或是在住家附近找一家不错的居酒屋，轻轻松松地享受属于自己的美食。"公司能让我有机会去很多地方"或是"公司可以给我提供各种各样的津贴"，直到现在，说这样的话，并以享受公司各种福利为傲的人还很多。

过去，只要在公司的职位越高，就可以拥有更多这些用重重束缚换来的福利和幸福。现在，能够提供这么好的福利的公司应该已经所剩无几了。

对我们来说什么是最重要的，什么又是应该被果断摒弃的，如果我们对此没有清醒的认知，就会觉得公司提供的这些津贴、福利等非常诱人，自己愿意为之卖力工作，又或者自己当初就是为了享受这些福利才削尖脑袋挤进公司的，但这些福利是公司原本就有的，与员工个人是否具备相应的能力并不相干。

类似的情况还有，在这个公司工作，"可以拿到很难到手的票""客户会赠送样品""可以买到更优惠的服装"等。当然，如果在一个公司工作，既能得到很多好处，又可以充分享受工作的乐趣，那还是挺不错的；如果觉得"有这些福利当然很好，没有也无所谓"，这种心态也很好。

如果抱持这样的想法："工作本身没什么意思，不过可以用公司提供的公款大吃大喝，所以我愿意继续忍耐"，这样的想法和选择就是绝对错误的。

请立即摈弃这样的想法——将一些过时的快乐误认为幸福，或者当作目标来追逐……如果你一直待在这种陈旧模式的企业里，你就会觉得公司原本就是如此，最终永远也不可能醒悟。

好好想想吧，对你来说真正重要的到底是什么？将这些作为被公司束缚的代价，是不是太不划算了？

＜与其决定想做什么，不如决定不做什么

决定不做什么事，能够让我们的前进方向更加明确。我

曾经在我的其他几部作品里谈到过这样的观点,因为这一点真的非常重要,所以我在此再次强调。

很多人每天都会制订自己的"计划事项表",但我所制订的却是今日的"免做事项表",譬如在表格里填上"销售、推广""按时上班""工作转包""过被截止日期'追杀'的生活"等事项。我们经常会在商业类图书中看到这样的话:"请写下你的目标和你想做的事。"如果是写下"应该做的事",那还可以,但是写下"你想做的事"是毫无意义的。要知道大多数人并不清楚自己到底想做什么,并且很容易把长远想做的事与近期目标混为一谈,究其原因,是因为长远的目标是难以制订的。

那些不用做的事情,通常都是可以轻而易举发现的问题,设立起目标来非常容易,只需要认定"这种事不适合我做","做这样的事不会有什么好处,而且也不会让自己变得快乐,所以就不做了"。如此一来,我们就能够避免把精力用在一些与人生毫不相干的事情上了。

有意识地减少一些待办事项,就不会发生"虽然不感兴趣,但一想到可以赚到钱,就逼迫自己去做"的情况,可以让我们避免被眼前利益所蒙蔽。如果一个人只是专注于眼前的事,就会让自己感到很有压力,且容易出现问题,难以有好的结果,最后还有可能让自己丧失其他的工作机会。

与其决定想做什么，不如决定不做什么

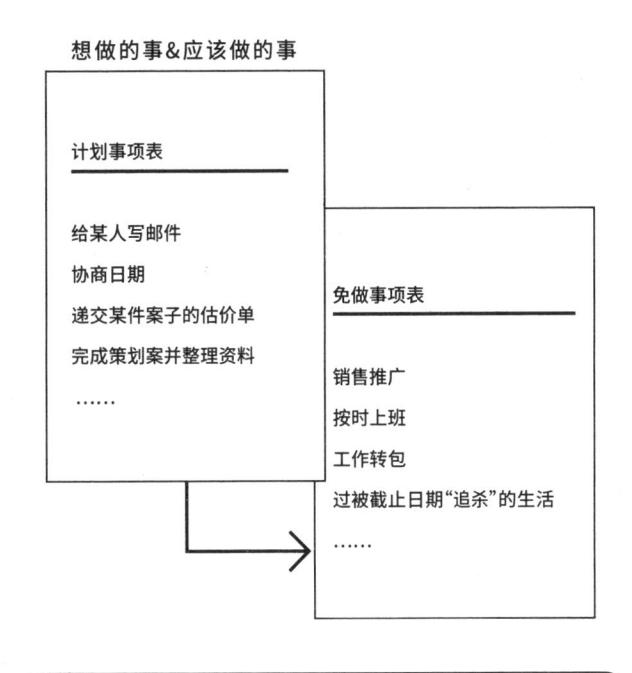

想做的事 & 应该做的事

计划事项表

给某人写邮件
协商日期
递交某件案子的估价单
完成策划案并整理资料
……

免做事项表

销售推广
按时上班
工作转包
过被截止日期"追杀"的生活
……

> (!) 决定不用做什么后，方向会更明确！

我们不妨偶尔查看一下我们的"计划事项表",再次确认我们的"免做事项表",及时调整自己的方向。

选出哪些是我们"不去做的事",剩下的"要做的事"就都是让人快乐的事了。人若能去做自己喜欢的工作,我想结果再怎么也不会太差。因为不会感到太大的压力,当然也就比较容易感到幸福。

如果从另一个角度解读的话,其实"全部都想做"和"什么都想要"是一回事。

越是想要过自由自在的生活,我们做事的选项就会变得越多。如果缺乏事前的筛选,我们就会不知道自己想要的究竟是什么。选出哪些是自己"不去做的事",其实也就制定出了属于自己的行事标准。

< 与其囤积一堆赘物,不如轻装上阵

去年,我将东京的办公室和家、夏威夷的家一鼓作气全部换了地方,然后惊讶地发现从前未曾留意到的事实。

原本我就喜欢过简单的生活,平时添置的物品并不算多,至少不像周围的人那样添置很多物品。每年年底的时候,我都会进行大扫除,把用不着的东西全部扔掉。即便如此,十年下来,我在东京的住宅里还是囤积了一大堆没

用的赘物。

搬家的目的之一,就是为了重新做一次彻底的整理,结果没想到最后我要扔掉的东西,竟足足有两卡车之多。搬到新家的物品大概只是原来的三分之一,就连搬家公司的人都觉得惊讶:"你不要的东西竟然比留下的还多!"

那些用旧了的电脑以及不再使用的音响和衣服,还有不知从哪儿冒出来的上一次搬家时没有发现的资料……我曾经认为在以后某个时候可能用得上它们,或是它们可以作为追忆过去的完美凭据继续保留,但时隔多年,它们依然不符合我当下的需求。我清楚地知道,也许这辈子都不再需要这样的东西了,于是果断地将它们全部扔掉。

有意思的是,大学时代使用过的记事本也冒了出来,上面写着"以后我要到夏威夷开一间居酒屋""我会出很多书"等文字。我虽然觉得留下来做纪念也很不错,但考虑良久还是果断地将它扔掉了。

新房子要比原来的房子大一倍半,而放置的物品只有原来的三分之一,所以整个屋子看上去非常宽敞。如果一个空间里摆放的东西太多,会让人感到窒息。现在,搬进如此宽敞的新家,在家中度过的时光更加惬意,所以今年我会考虑增加在家用餐的次数。

如果你现在正好有搬家的打算,我建议你一定要遵守

"无条件舍弃"的原则。考虑一件物品的去留,思考的时间不要超过三秒,如果有一点犹豫,那就再多看一眼,把它保存在记忆里,或是拍上几张照片,留作纪念,然后果断地舍弃。

将"无条件舍弃"原则实行得最为彻底,过着极简生活的要属高城刚先生。他没有固定的住宅,平时就带着一个行李箱四海为家。这样的人生好自在!虽然现在我还没有勇气过高城刚先生式的生活,但希望将来有一天可以做到。

在现代社会,要做这样的减法是很容易的。例如iPhone就是同时具备了随身听、相机、记事本、时钟等多种功能的物品。若是在十五年前,我们带着具有同样功能的东西外出,可能还要担心里面的数据如何保存,当时的数码产品几乎很难满足我们的需求。现在我们不仅能够在iPhone上下载资料,还可以进行云储存,数据再多也占用不了太多的内存空间。

以前,我们会将杂志上的精彩内容剪下来,整理成厚厚的剪贴簿,使用起来不太方便,但现在,我们只要用相机把需要的部分拍下来,就可以把很多杂志扔掉。灵活使用iPhone等智能工具,我们可以减少很多不必要的身外之物。当然,当你对家里的东西做减法之后,心情会舒畅很多,而且再也不会去购买那些可有可无的鸡肋物品。

＜与其延续惯性，不如重新设定

2010年元旦，我制订了"Reduce（减少持有）、Reset（重新设定）、Rebuild（重新建设）"的生活主题，至今仍在不断践行这些生活主题。

具体来说，Reduce（减少持有）就是减少对物品的持有；在一年之内，将两个家和一个办公室都换了地方，就属于Reset（重新设定）；重新审视自己的生活方式，则属于Rebuild（重新建设）的范围。

这三个主题能在生活中发挥怎样的作用呢？首先，减少对物品的持有能够让我们的心情变得舒畅，而且能实实在在地提升人的创造力。如果一个人习惯了身边摆满许多物品的生活，突然去过大量减少物品的生活可能会不适应。如果我们不减少对物品的持有，就很难适应正在变化的时代，不能获得真正的幸福。

当然，勤勤恳恳地工作，持之以恒地做一件事，这些都很重要，只是我们不能因此而让我们的思维变得呆板、僵化，无法迎接新的挑战。

当你想要追求全新的价值观和幸福时，你必须摒弃过去僵化的行为和固有观念，否则你将会被"一直都是如此"的既有观念所束缚，继续去追求陈旧的喜悦，结果就会招致不幸。

来吧，鼓足勇气，按下"重新设定"的按钮！

搬家是一个很简单且非常有效的"重新设定"的方法。一直在同一个地方居住，应该会很舒服。正是因为住得很习惯，我们才会长时间在同一个地方居住。有时我们不妨去试着打破这种让人感到舒适的状态，看看到底会发生什么。

搬家首先要办理各种手续，然后会面对大大小小琐碎的麻烦，但搬家能让自己的心情变得愉悦，而且宽敞的空间更便于活动。搬家还会让人产生尝试新鲜事物的欲望，所以搬家的感觉大概和跳槽的差不多。

＜生活在多元化时代，不必被他人的价值观所左右

现代人的生活方式各式各样，非常多元。

若是在过去，人们对生活的规划是："二十七八岁结婚，再用两三年时间生养两到三个孩子，然后再去买一套房子……"，等等之类，简单而明确。一旦有了孩子，做妻子的大多会成为全职妈妈，在家照顾孩子，既然如此，还不如趁年轻早点生养孩子。

现在，即使有了孩子，很多夫妻还是会选择继续工作。很多夫妻希望自己能在工作方面积累更多的经验，往往会推

迟家庭的生育计划，我身边就有很多过了四十岁才肯生孩子的女性。

结婚年龄的问题也是如此。电视台的谈话节目常拿艺人的"年龄差婚姻"来做话题，时至今日，夫妻之间差二十来岁也不足为怪。

因为结婚通常意味着极大的风险，它会让我们变得无法迎接新的挑战，所以很多情侣都以同居来代替结婚。瑞典有同居制度，芬兰有注册伴侣制度。这些制度规定同居关系的伴侣享有和已婚夫妻同等的权利。

仅是结婚和生育，就有多种形态。因此，将我们的生活随意地和别人比较，真的没有意义。

现在在我们还是经常会听到"邻居买了辆车，我们也该换辆新车了"，或是"同事买了房子，我们也得抓紧时间购买"之类的说法。

在这个全球化、生活方式如此多元的时代，我们实在没有必要将比较的眼光局限在社区、公司这样的小团体里，被他人的价值观所左右。如果总是关注朝着同一个方向行进的群体，我们就会看不到另外的风景，这不仅会让我们的生活变得无聊乏味，而且会让自己在不知不觉中和时代脱节。

拿自己的价值观与他人的比较毫无意义。

过去，因为我们只能从物质的多寡来衡量一个人是否富裕，所以大家都会和他人盲目攀比。不知道从什么时候开始，我们对物质生活的关注越来越少，对精神富足的追求越来越强烈。因为新的幸福不是通过眼睛了解的，所以当今不再是一个充满竞争的时代。

丹麦房地产公司职员克莉丝汀·布拉贝斯对我谈及在她很小的时候，父母经常这样对她说："不要在意别人拥有什么，而要看到自己所拥有的东西的价值。"

这句话说得很对，因为别人是别人，我是我。

<不必在意小世界对你的看法，应追求更广阔大环境的评价

美国社会心理学家亚伯拉罕·马斯洛假设人类"是会追求自我实现并借以成长的动物"，并且将人的需求分为"生理需求""安全需求""归属感与爱的追求""被尊重的需求"和"自我实现的需求"五个阶段。

随着幸福模式的改变，人类的需求自然也会发生相应的变化。除了对物质、金钱和时间的需求以外，我们还需要其他。我注意到在马斯洛的需求的五个阶段中，第四个阶段是"被尊重的需求"。"被尊重"，也就是得到他人的承认和认可。简单地说，"被尊重的需求"就是渴望听到周围人评价自己"你

真的很努力"等。

在过去,人们非常在意自己能否得到公司等团体的认同,因为这决定自己能否被提拔和升职,或是能不能得到公司的内部奖励。

在未来,这种局限的评价不再有意义。即使公司一再夸奖"你真的很努力",你也无法确定这样的评价可以维持多久,也无法预测公司在未来的某一天会不会倒闭。我常常看到这样的例子,有些人在原公司干得好好的,换了一家公司后,因为压力太大再也不能大展宏图。

当然,我们的努力能得到周围人的好评是一件好事,但千万不要因此而骄傲自满、故步自封。

我一直认为,很多人虽然在公司默默无闻,但一旦离开公司的小环境,来到外面的世界,也许会大有作为。外界会对这一点感到疑惑:这样的人表现不俗,可为什么他在以前的公司工作的时候,会被人评价"没有团队协作能力",不招人待见呢?

以被人崇拜的史蒂文·乔布斯为例,如果他是一个普通的白领,他能获得那么高的评价吗?周围的人想必都会对他敬而远之吧。

在德国足球甲级联赛中相当活跃,并且担任日本足球队队长的长谷部诚也是一样。如今的他是一个具有团队协作能力,并以指挥能力见长的完美队长,但是他在高中时代不过是一个毫不起眼的普通足球队员。有意思的是,有人曾评价他是一个"以自我为中心"的人,只知道按照自己的想法做事。

所以,就算你在学校和公司得到的评价不怎么样,也不必灰心。在小团体中不受重视的人,说不定在更为广阔的天地里能大展拳脚。随着环境的改变,人们对他的评价会发生一百八十度的转变。足球运动员长谷部诚便是将别人认为负面的特质,全部转化成了自己的优势和长处。

所以,你不必在意那些不知道还会存在多久的小世界对你的看法,你应该去追求那些非特定的、来自更广阔的大环境的评价。因为即使你现在所供职的公司倒闭了,大环境也会照样给出正面的评价:"你真的很努力。"

＜不要依赖金钱,而要多花心思

"如果没有那笔预算,这个项目是不可能完成的。""要是降薪的话,日子就过不下去了。""我没有钱,所以没有办法留学。"凡此种种,都是时常萦绕在我们耳边的牢骚。

现在,日本经济急剧下滑,我们不可能再寄望于薪水会持续上涨。在这样的环境下,如果再把"没有钱"当作理由,那么人生的问题就会永远处于无解的状态,这样的人生也不可能得到快乐。既然没有钱，就要好好想想没有钱的活法。

在过去，一提到商品的推广，有人就会误认为一定会耗费大量的资金。"没有一亿日元，连宣传海报都不可能全面覆盖，谈何提高知名度？"现在，我们根本不用花费多少钱，就可以在网络上制造足够的轰动效应。

大家都说拍摄电影需要耗费巨资，但不久前大获成功的电影《女巫布莱尔》(The Blair Witch Project)所费成本就不高，足以证明投资几百万日元也可以拍出叫好又叫座的电影。

以前电视圈曾耗费巨资打造电视节目，不过现在没有办法再这么大手笔地支付制作费用了，电视台只能不断尝试用较少的投入来制作好玩有趣的节目。

没错，如果没有钱，那就只能多花心思了。

我们的私人生活也应遵循这样的原则。"因为被降薪了，以后的生活一定很糟糕"，如果你因降薪而产生这样的想法是不对的，事实上，你完全可以换一份自己喜欢的工作，减少在外面吃饭的次数，改为在家里做饭，或是搬到物价相对较低的地方居住。

以前，没有钱的确很难出国留学，但现在有很多可以变通的方法。我们可以申请奖学金，或者不用去学校上课，而是取得J-1签证前往国外实习，或者在国外打工挣钱，这些都是切实可行的方法。

就算是没有钱，只要肯花心思，我们一样可以让事情变得有趣，让人生充满快乐。

让我们摒弃"倚仗金钱"的思维，丢掉"没有金钱万万不能"的想法，因为这样的思维和想法可能会让你失去很多花心思、下功夫的机会。要是不改变想法，是很难获得幸福的。

＜不做"设备控"

在前面的文章中，我曾表达过这样的观点："与拥有很多东西的生活相比，没有太多物品的生活比较幸福。"现在，因为iPhone等智能手机的问世，我们得以精简自己的电子设备。接下来，各式各样的电子设备将会不断地被人们所抛弃，或是不需要每天被我们带在身边。

像台式计算机、数码相机、随身听、电子词典等电子产品，这些功能都被 iPhone 所囊括，或是下载几个 App 就可以全部搞定。现在，我一般都是使用 iPhone，之前原本就很少使用的数码相机、资料丰富的电子词典和 iPod 等，现在几乎都不怎么使用了。

现在，用智能手机上网是常事，而手机电池的使用时间也变得更长，因为科技进步神速，所以我们应该把心思多放在如何"减少电子设备"上。

为了能像游牧民族一样四处迁徙，我们首先需要解决行李过于沉重的问题。想要生活变得轻松，就需要实实在在地给我们的物品"减重"。

当然，如果因为热爱摄影而习惯性带着相机则另当别论，但要是像过去那样把需要的器材全部放进包里是行不通的。对于喜欢携带小件器具的人来说，接受"给物品减重"这一观念估计有些困难。

因为我经常往来于东京和夏威夷之间，所以一直带着笔记本电脑。虽然我带着电脑，但是到达目的地之后真正用到电脑的机会很少。需要录入大篇幅文字的时候我才会打开电脑，像回复 E-mail 或是发送资料之类的事，不必使用键盘就可以完成，所以根本不用打开电脑。

不局限于在办公室办公，而是像游牧民族一样四处迁徙，移动工作，在这种情况下还能减少使用笔记本电脑的次数，想来真是不可思议。这也证明了 iPhone 等智能手机所能包办的日常事务正在逐渐增多。

＜要想快乐工作，就必须最大限度地减少制约

接下来，我要谈论的虽然不再是"丢弃"或是"减少"的话题，但依然和电子设备有关。

在外面使用智能手机工作，回到办公室或家里则打开电脑工作。要构建这样的工作模式，最重要的是要让作为"母舰"功能使用的电脑与智能手机即时同步。要是出现这种情况："手机里没有这份资料，我必须打开电脑查找"，那么移动办公就毫无意义。

就我而言，我通常会将资料用 Dropbox、SugarSync、Evernote 下载管理，将策划方案通过脸书实现共享，将所有资料都存放到云端硬盘，这样就不会出现因为找不到资料而无法工作的情况。

即使回到夏威夷生活或是去其他国家旅游，无论去哪里，只要不是特别偏僻的农村，我们都可以使用 Wifi 上网。最近有些航空公司还正式将 Wifi 装进了机舱，让机舱变成了移动办公空间。

以前，来往于日本和其他国家之间的"游牧上班族"最头疼的问题是网络的漫游费。现在我们带着一部智能手机到国外旅游或出差，每天只需花费两千日元，就可以实现全天的连线上网。也许在不久的将来，SIM 卡将不再受到任何限制，去别的国家（地区）旅游或出差，只要换上该国或该地区的 SIM 卡就可以随意上网。

要想快乐工作，就必须最大限度地减少制约。

渴望成为不受场所限制的"游牧上班族"

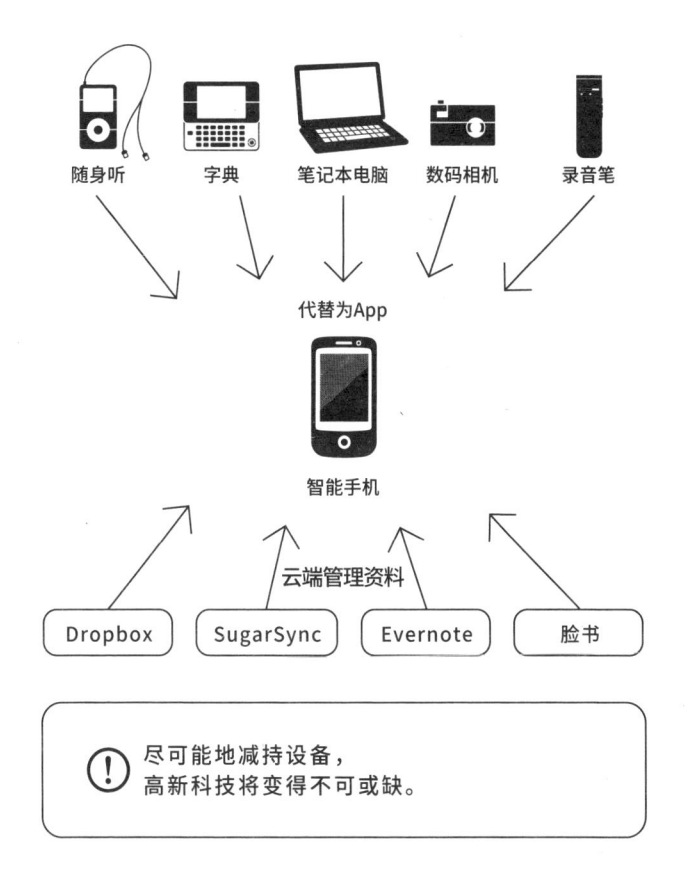

随身听　字典　笔记本电脑　数码相机　录音笔

代替为App

智能手机

云端管理资料

Dropbox　SugarSync　Evernote　脸书

> ① 尽可能地减持设备，
> 高新科技将变得不可或缺。

当前，科技发展日新月异，这一切都有助于使我们的工作和生活变得更加自由、顺利。

如果我们不能好好运用新的科学技术，那么费了一番工夫才住到郊区或是国外，最终却给工作带来更多麻烦，到头来不得不回去打卡上班，这样不但白白浪费了许多时间和金钱，说不定连原来的工作都丢掉了。因此，我们应该不定期地引进新的设备和高新技术，并学会合理运用，让工作更有效率。

说到"简单生活"或是"减持不必要的东西"，可能会让人想到过去那种物质贫乏的简朴生活，但实际上并非如此。

我在前面的文章中多次提到过，我们之所以要践行简单生活，并不是"迫不得已才这么做"，而是发自内心的"主动选择"。如此一来，为了具备个人收集资料和发布资讯的能力，善于运用高科技是必不可少的。

＜将空闲的时间用于提升自己的生活质量

根据北欧国家的情况，我们可以预测未来日本人的工作时间会逐渐缩短。随之而来的是空闲时间会越来越多，也就是类似看电视的时间，或者无所事事在家里发呆的时间等，这些不具备生产性的时间将会大大增多。

如果我们将空闲的时间用于提升自己的生活质量，我们就能显著提升自己的幸福感。突然空出很多时间，如何合理使用它们并不是一件容易的事，所以对大部分人来说，空闲时间不过是无效时间而已。

很多人原本以为自己是因为工作太忙了，所以没有时间做其他的事情，后来却吃惊地发现即使不需要工作，自己仍然无事可做。有些男士因为平时经常不在家，所以渐渐失去了在家里的位置。这样的人一旦在家里待的时间长了些，儿女们甚至会提议："老爸，你到外面去逛一逛好吗？"儿女们的话让他们感觉自己好像一堆碍手碍脚的垃圾，想来真是可悲。

有的人休假时找不到事情做，只好西装革履地在上班时间出门，然后去公园散步。如果一个人落到这种地步，那真是相当不幸。

所以，如果你好不容易才有了空闲时间，千万不要白白浪费了。如果不想浪费时间，就要先想好自己到底想做什么。陪伴家人和朋友，或者投身于自己的兴趣之中，或者找到全新的自我投资机会，这些事情都可以让你的生活变得丰富多彩。

如果你打算有了时间以后再来思考这样的问题，我想恐怕为时已晚，因为我们的生活方式并不是在有了空闲时间的情况下或者在其他人的要求之下,才勉强做出改变的。

另外,请你们不要抱有"只要有时间,我就会有所改变"的念头。如果有人这么想,则需要好好反省。好比临近放暑假,有些学生在上课的时候总是想着"如果有更多的时间,我就可以好好玩了"或者"如果有更多的时间,我就可以读很多书了"。可是,当暑假真正到来之后,这些学生却变得自由散漫,无心做任何事,就连暑假作业都要拖到暑假的最后一天才去恶补。上述两者的情形是非常相似的。

＜运动是让自己获得成长的最佳投资方式

提升幸福感的重要条件,包括"能够按照自己的意志行事""能够掌控时间和生活"等,但这些条件不会从天而降,除非你的运气特别好,或者生活在一个得天独厚的环境中,拥有一座牢固的"靠山"。

最近,受社会大环境的影响,一些经管励志图书中开始出现诸如"不努力也没什么关系""做什么都是没用的"等听上去颇为刺耳的话。

如果你抱持陈旧的价值观,拼尽全力希望获得加薪或者希望取得事业上的成功,往往会得到"我真的已经非常努力了,但结果还是不尽人意"或者"幸亏我没有这样去做"的结果。

你若想真正提升自己的实力，就需要进行自我投资和艰苦训练。如果你在这一点上没有清醒的认识，就不会明白自己选择这样行事的初衷，如此一来就会毫无目标、糊里糊涂地去做，当然也就很难坚持下去。

那么，最适合自己的自我投资和自我训练是什么呢？我认为是运动。

运动的第一个好处，是可以让我们的自我状态变得更好，并督促我们养成练习的习惯。运动还是一种自我挑战，能让我们的生活变得充实。此外，运动还可以模拟体验工作和生活中很多类似的经历或感受，使我们能更好地应对来自工作和生活的压力。

可以经历各种不同的失败也是运动的魅力之一。就棒球运动而言，参与者若能击中三成，成绩就很不错了。尽管如此，我们可以从失败中学到很多东西，有收获会令人感到愉悦。不管是工作还是人生，你若是只想打出漂亮的安全打或本垒打，都是很难如愿的。

最后，运动能帮助我们找到志同道合的伙伴，这一点很重要。我现在负责一个铁人三项的团队，其实到了我这把年纪，很难再有为队友加油或提供帮助的机会，所以这样的团队关系对我未来的发展来说具有相当重要的意义。

人在年轻的时候会有很多同学或者会结识许多社团团友，

那时候结交朋友是很容易的。进入社会以后，除了应酬场合结识的朋友和工作上的合作伙伴之外，我们想和别人发展出更深一层的关系就比较困难了。

请你仔细感受那些成年之后很难再体验到的经历，它们能很好地为你的人生提供参考，并且帮助你获得成长。当然，我并不是说这样做可以帮助你赚到更多的金钱，毕竟运动并不是一件功利性的事。

◀ 降低满足感的阈值，体味生活中的小惊喜

正如我在谈论金钱话题时所说的那样（参见P135），人们的满足感的阈值会逐渐升高。比如小时候学会乘法，或者参加运动会拿到第一名等，这些单纯的小事就可以让人高兴不已。当人们体验过各种各样的经历之后，就会对生活中的小惊喜习以为常，除非是震撼心灵的大惊喜，否则很难感到满足。

丹麦人不会去追求那些过于宏大的梦想，他们一直都很清楚自己的能力界限所在，不会好高骛远地去追求那些华而不实的东西。他们只考虑在自己的能力范围之内可以做的事情是什么。

——佛罗史帕克·田中聪子 / 丹麦 / 船舶公司员工

有上进心是好事，但如果我们因此提高了自己的满足感的阈值，内心就很难感到满足，反而充满"想要更多"的呐喊，而"想要更多"正是破坏幸福感的罪魁祸首。

为了让我们从生活中的小惊喜里感受到快乐，我们可以适当降低自己的满足感的阈值。如此一来，我们每一天都会过得很开心。当然，这需要我们意识到自己的内心已经麻木的事实，重新找回感性。

工资方面也是如此。如果我们总是和别人比较工资，便会觉得自己赚得太少。事实上，如果我们生活在生活水平比我们现有环境低很多的地方，我们就会觉得很快乐。如果我们硬要打肿脸充胖子，搬到有钱人居住的社区去生活，我们就会很难感到满足。

——芭芭拉·玛丽努·费希尔/丹麦/医生

住在夏威夷和住在日本的生活体验是完全不同的。以宅急送为例，在日本，客户可以精确地指定具体的配送时间，而这样的事在夏威夷则不可能发生。就算预约了配送时间，快递公司也有可能无法准时送达。地铁或轻轨也是如此。在日本，准时是理所当然的。

此外，时令蔬菜方面也不一样。夏威夷几乎没有固定的食材季节，人们通常能吃到的蔬菜总是老三样，所以我一回到日本，就能感受到"很快就可以品尝到新鲜的蘑菇啦"的快乐。以前在日本生活的时候，没有特别留意过食材和季节的关系，所以也就不会觉得吃到时令蔬菜是多么难得的事。

如果认为自己所得到的一切都是理所当然的，自然很难感受到幸福。只有在体验过不同的文化之后，我们才会发出万物弥足珍贵的感叹。

感受阈值升高，是因为我们对自己的生活方式业已习惯，感觉逐渐变得麻木。我们需要时常去尝试做不同的事，接触不一样的人。即使不住在夏威夷，我们也能够降低感受的阈值；即使是微小的快乐，也能让我们备感幸福。我诚挚地请求各位读者试一试这样的方法。

我想和大家分享一件小事。我每次回到日本，有一件特别小的事总能带给我特别强烈的愉悦感，那就是吃吉野家的盖饭。我很喜欢吉野家，但是夏威夷没有吉野家的分店，所以我一回到日本就会去吃吉野家的牛肉盖饭，细细品味那微小的幸福。

LESS

I   S

M   O   R   E

Chapter 4

寻找全新的生活方式

＞死守在一家公司，不如多创造几个"复业"

所谓"复业"，是指两份以上的工作。有人也许会觉得"复业"和"副业"的意思差不多，但两者在本质上略有不同。

我不是很喜欢传统的"副业"的说法，"副业"的意思是指主业之外的兼职，其目的是为主业做补充，赚些额外的零花钱以补贴家用。这样的想法未免太过陈旧。

死守在一家公司，和一家公司的经营主只拥有一个客户的情况类似。如果那个客户出了问题，公司就会随之关门倒闭，所以公司通常不会只有一个客户。

如果公司只有一个客户，客户就会趁机要挟"我们公司是你们公司唯一的客户，如果没有我们的业务，你们公司就会关门倒闭。所以你们应该在价格上再让一些折扣"。这样一来，你在谈判中就明显处于下风。

死守在一家公司，就与上述处境类似。因为只抱着这一棵大树，所以你毫无谈判的余地，即使公司老板威胁你"你必须这么做，否则就给我走人（或者降薪）"，你也只能全部接受。

如果你只为一家公司工作，你向公司老板提出申请："我希望自己能实行更自由的工作方式，所以申请一周中能有三天时间在家办公"，不管你的业务能力如何，这样的申请都会让老板觉得不可理喻。

要"复业"而不是"副业"

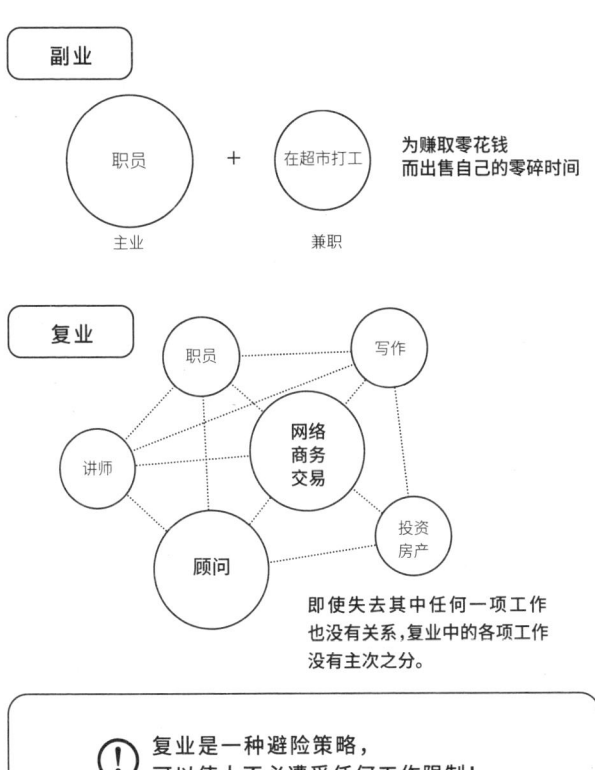

副业

职员（主业） + 在超市打工（兼职）

为赚取零花钱而出售自己的零碎时间

复业

职员、写作、网络商务交易、讲师、顾问、投资房产

即使失去其中任何一项工作也没有关系，复业中的各项工作没有主次之分。

> ⚠ 复业是一种避险策略，可以使人不必遭受任何工作限制！

如果你拥有十个"客户"（公司），你就拥有了谈判的筹码。因为你并不依赖某一家公司，所以公司老板会妥协："只要你能做出业绩，花多少时间都可以。"结果反而是公司老板主动请你帮忙，这样一来，你就不必对人俯首听命、唯命是从了。

在每个公司的规章制度中，都有禁止员工从事副业的规定，不过有一种看法认为，限制员工在工作时间之外的空闲时间兼职，无疑剥夺了员工的择业自由。当然，若是员工在从事副业的过程中，涉及去原公司的竞争对手处工作、使用公司名片、迟到早退旷工等损害原公司利益的事，则是绝对不可以的。另外，法律明文规定公务员不可以从事任何形式的第二职业。

我在前面提到过，现在以制造业为主的很多企业已经开始允许员工从事副业了，而且这样的企业越来越多。

面对即将到来的全新时代，抵制"复业"的出现并非明智之举。现在，就连一流的大公司都未必能给予员工百分之百的照顾，所以企业界逐渐形成一种新的趋势，企业老板们开始默认："只要员工能够在本公司做出业绩，员工同时为好几家公司工作，或是同时做好几份工作也没有关系。"过去，为了留住有能力的人才，公司会要求对方"只能为我们公司服务"。现在，这种只对公司有好处的束缚，估计很难被员工所接受。

"复业"也是一种有效的风险分散策略,能让人从各种各样的制约中解脱。

关于"复业",有人认为:"反正只是多赚几个零用钱,那么随便找一个小时工做做好了。"我并不赞成这样的态度,因为我并不是建议大家出售自己的零碎时间,而是希望大家能够充分运用自己的能力和技能,用工作成果来赚取报酬。

有些人认为自己根本不可能拥有"复业",这样的想法才是最大的问题。其实,现在网络普及,大家的工作已经不再受时间和空间的限制,启动"复业"的机会将如雨后春笋般涌现。

▶放弃高档住宅,享受双城生活

房子是人一生中购买的最大的生活用品。曾几何时,很多上班族怀揣着每年都会加薪的美好憧憬,以三十年或三十五年为还贷期限来购置房产。

理想很丰满,现实很骨感。现在,被住房按揭贷款压得喘不过气来的人越来越多。耗费巨资买房置业,就必须承担房贷的巨大压力。

在第一章中,我曾提到我们在住房方面其实还有另一种选择,即我们在市中心租一套小小的一居室,供平时上班时居住，然后在郊区购买一套价格实惠的度假屋供周末度假。即使两套房子都非常素朴，这样的生活方式也能让人感受到精神上的满足和充实。

现在，我便过着来往于夏威夷和东京之间的双城生活。很早以前，我就希望自己能居住在夏威夷，只是那时觉得当地的工作机会很少，所以打算攒上一大笔钱，到夏威夷开一间居酒屋。

要实现这个梦想，我首先得准备好一大笔资金。当然，这应该需要相当长的时间。当时我隐隐觉得，这样的目标应该要等到我五六十岁时才能实现。现在看来，这样的想法实在是太过异想天开，当时的我却非常认真地做了计划。

让我的计划发生改变的是我的头脑里灵光一现，冒出双城生活的念头。随着网络技术和移动设备的不断进步，现代人无论身处何地都可以工作。我突然意识到，或许我不必"彻底地移居夏威夷"。三十九岁那年，我最终实现了"在夏威夷居住"的梦想，与计划相比提前了十多年。

还是来举一些实例吧。以东京 R 不动产网站为例，该网站的运营者从全新的视角阐释了不动产的价值。在很多年以前，他们提出了在东京市中心租一间小公寓，然后在郊区购置一套房子自住的生活方式。他们向人们推荐了很多位于郊区，可以让人的身心获得调整和休息的房子，虽然那些房子没有度假屋或别墅豪华。建筑师兼东京R不动产网站的CEO马场正尊也购买了土地，盖了自己的房子，享受着属于自己的双城生活。

双城生活的优点很多，其中之一便是富有弹性。如果社会环境发生大的变化，我们可以根据实际的情况来调整自己的生活方式。例如马场先生居住的一宫以盛行冲浪而有名，如果马场先生有一天想结束双城生活，他在一宫买的那套房子可以很快找到接手的买主或房客。

所有的一切，要从抛弃"只有有钱人才能享受双城生活"这种陈旧的观念开始。这一点比什么都重要。因为无论我们在哪里生活，都不需要住奢华的房子。

➤ 通货紧缩的时代是向双城生活转型的绝佳时机

现在，经济急剧下滑，正是我们启动双城生活的大好时机。我们需要趁着物价下跌、通货紧缩之际开始着手改变。

如果你受限于"拥有两套房子太过奢侈"或是"出国旅游需要花很多钱"等陈旧的观念，那么你对世界不会有新的认知。但凡稍微动动脑筋的消费者，都会发现事实上双城生活的成本可能会更低。

曾经，日本的物价之高堪称全球第一，很多外国人都为

双城生活建议

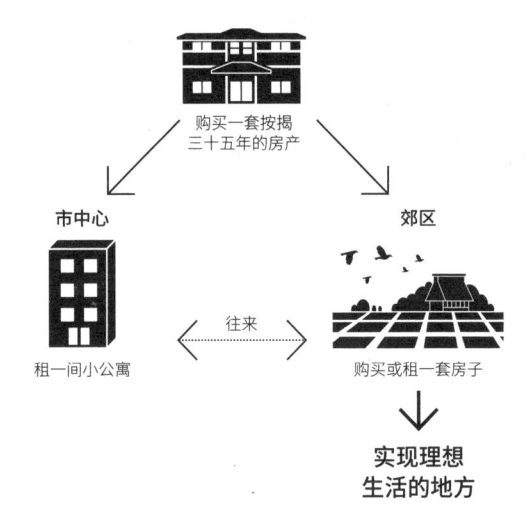

```
        购买一套按揭
        三十五年的房产
        ↙         ↘
    市中心          郊区
                ←往来→
   租一间小公寓    购买或租一套房子
                       ↓
                   实现理想
                   生活的地方
```

双城生活的优点：

- 可以利用市中心与郊区的物价差异生活
- 能够接触到新的刺激与体验
- 当社会环境发生变化时可以舍弃其中之一

> ⓘ 你可以花费五至十年的时间准备好资金并打好基础，切莫操之过急。

"在日本一个汉堡居然会卖到一千日元"而大为惊讶。如今，在日本买一份牛肉盖饭大概只需花费三百日元，在国外大概要花费七百日元才能吃到的巨无霸，在日本只需花费三四百日元。只要在购物的时候善加选择，你就会发现现在日本的物价其实并不高。

当然，现在的交通成本和购房成本或租金也发生了变化。如果我们现在花和过去一样多的租金，在同一个地方居住的话，那就太浪费了。

经济衰退，从某种角度来说并非完全是坏事，只要借势而为，我们依然可以提高自己的幸福指数——只要我们不被旧有的印象和观念所影响，并且善于学习。

回到双城生活的话题。现在，我有时在国外居住，有时回到日本，过的是双城生活。周末和工作日我会分别在两个不同的地方居住，即使两个地方都在日本或者都在国外也没有关系。

不过，需要指出的是，追求"在(东京的)港区和中央区都有房子"是没意义的。要想享受双城生活，我们应该选择两个环境截然不同的地方。环境迥异，居民才会有所不同，人的想法和文化才会有所区别，而我们才能接触到不同的刺激，这才是双城生活最独特的魅力。

此外，我们还可以善用收入差异、物价和住宅价格的差异来生活。和市中心相比，郊区的租金或生活成本都会少很多，我们完全可以选择两个距离稍远的地方来做双城生活的组合。如果在市中心只租一间小型公寓，节省下来的租金就可以在郊区租一套独栋的房子。

工作日我们西装革履地在市中心工作，而到了周末则穿着沙滩裤或短裤在海边散步。这样的生活不仅能改变人的思维方式，而且能够挖掘出人的内在潜力。

如同我们进行肌肉训练和马拉松训练，如果一直做相同的锻炼，效果未必好。所以，如果人总是在同一个地方生活，每天做一模一样的事情，是很难有新的发现的。

＞工作与娱乐之间没有界限

在夏威夷生活的时候，经常有人问我："你去冲浪吗？好逍遥啊。""你在东京算是上班，在夏威夷算是休假吗？"

我并不是为了休假才来到夏威夷的。在夏威夷，除了冲浪，我也会工作。借由生活频道的切换，我可以在不同的文化中游走，这有助于我自身创造性思维的发展。与不同的人交往使我的思维变得敏锐、活跃。所有的事情，都是为了给自己带来思维的刺激性。

对我来说，工作和娱乐之间原本就没有什么界限。当然，有时也需要有所区分，但不必严格限定"这属于工作，那属于娱乐"。就像认为"别墅"就一定得豪华高大上是陈旧的观念一样，把工作和娱乐分别设定为生活的主要活动和次要活动是过时的想法，因为时代已经不同了。

以前，我们很难将工作与娱乐混为一谈，但是现在，一些很难归类的事可能会成为我们的工作。就我而言，我是因为喜欢喝红酒才去学习有关红酒的知识的，没想到得到了"做红酒讲师"和"到新西兰的红酒山庄采访"的工作。我学到的红酒知识还可以为自己投资的餐厅提供更多的如何选择红酒的建议。基于兴趣爱好去学习一些新东西，可以提升自己的附加值。

如果你固执地抱持这样的观点："既然学了红酒的相关知识，我就一定要用它们来赚钱"，那么即使你最终会找到相关的工作，内心总会有一种被强迫的感觉。人在无可奈何之下，心不甘情不愿地被迫工作，当然不可能做出好的成绩来。所以，当你基于兴趣爱好去学习新东西时，最好抱持"以后或多或少会有些用处"的想法。

提姆·雅鲁文的兴趣是到大自然中去钓鱼或狩猎，这样的生活方式其实也可以和工作相关联。

我和朋友一起出去玩或者钓鱼的时候，我的创意会源源

不断地涌现。因为我不会坐在椅子上工作,所以要是你问我什么时候上班,我会答不上来（笑）。我这个人呢,每天都在工作,同时每天也都在游玩。

——提姆·雅鲁文/芬兰/家具设计师

我很喜欢古代一位哲人的一句话,大意是说:"旁人总是喜欢区分人们所做的事是属于工作还是属于娱乐,但是对于当事人来说,或许工作就是娱乐。"

工作与娱乐之间没有界限,最近让我产生这种想法的人是日本水产厅的官员上田胜彦。上田胜彦本来是一名渔夫,因为非常喜欢鱼,所以经常前往日本各地的渔港或者拜访各大料理学校,为别人讲解与鱼相关的知识,即使是节假日也不休息。他看上去真的很开心,做这些事就像在玩乐一样,但他也是在非常认真地工作。我非常赞同他的做法。

>将工作方式与生活方式合二为一

"平衡工作与生活"——为什么这句将工作和生活明确划分的话如此有名?

很多公司的工作都是需要通过职位描述来明确界定工作内容的。那些必须坐在椅子上完成的"工作",自然不能归为

"生活"。

有的男士难得早回家一次，但回到家后一直坐在桌前整理公司的资料，那样做只不过是把工作搬到家里来做罢了，根本谈不上回归家庭生活。

事实上，只有将工作方式和生活方式进行完美的结合，才能让人感到更加幸福。

我的朋友，在新西兰过着双城生活的四角大辅曾经在华纳音乐集团担任绚香、Superfly等歌手的制作人。

他的飞钓技术堪称专家级水平，他平时也非常热爱户外运动，有时会在杂志上写连载专栏，谈谈自己最近爬过什么山或是钓到了哪种鱼……于是，不知从什么时候开始，他的生活上的乐趣开始变成他的主业。

原本只是基于兴趣而为，结果越做越出色，最终兴趣变成了主业。四角大铺现在新西兰某企业担任宣传和顾问的工作。

以前，就算他非常擅长飞钓，他也很难让别人知道自己有这样的兴趣爱好。现在，通过博客或脸书，他可以轻轻松松地将自己的兴趣爱好宣传出去，再加上媒体的助力，就很容易产生这样的裂变效果。

这个时代的媒体和企业非常容易发现有趣的人。

若是在十年前，除了在电视上出现过的名人，其他人根本不可能有机会说出"我的兴趣是钓鱼"或"请你们不妨也去试试看"之类的话。现在，读者反而觉得普通人的经历更为真实、有趣。可以说，现在，让生活和工作充分融合的种种基础设施已经非常完善了。

如果你有任何擅长的事情或者兴趣爱好，请尝试积极地宣传自己。因为我们完全可以从日常的工作中领到薪水，所以用玩票的态度尝试着去做自己感兴趣的事也无所谓，说不定有一天，你的兴趣会变成你的工作内容的一部分，从而让你有机会转换工作，最终做出傲人的成绩。我觉得这样的生活是最理想的。

＞双城生活的实践心得

我在本书中曾多次提到双城生活。为了建构全新的价值观，我真诚地建议大家去践行一下这样的生活方式。接下来我想分享的，是实践双城生活需要做好的心理准备和需要了解的注意事项。

双城生活是一种全新的生活方式，它并不是人们一时冲动"那就从明天开始吧"，就可以立即启动的。

无论是我，还是四角大辅，都不是心血来潮开始自己的双城生活的，而是一步步规划，循序渐进逐步达成的。当然，时机也很重要。如果有人在二十岁的时候贸然决定"三年后实行双城生活",那么他的计划必定以失败而告终。

构建自己的生活方式,就是要决定自己的人生方向和存在方式,因此要以能够持续下去作为设计前提。如果是抱着暂且尝试一年的态度来实践双城生活,那么这样的实践只是一项实验,绝对称不上构建真正意义上的生活方式。

首先要下定"将来一定要这样生活"的决心,然后必须全面思考这样的问题:"要过上这样的生活,我需要采取什么样的行动。"

正如上文所述,当前,科学技术的进步、不同地区的物价差异等为双城生活提供了条件,实践双城生活的生活方式比以前容易得多。

双城生活和日本制造商在亚洲设立工厂进行生产,把产品销往欧美市场非常相似。"因为公司设立在日本,所以只能在日本生产并在日本销售",这样的想法就过于死板。

选择生活方式和创办制造工厂一样,都是要在生活成本低廉的地方居家度日,在能获得最高报酬的地方辛勤工作,这样才能实现利润的最大化。就制造业而言,我用"工厂"代表"生活的地方",用"市场"代表"工作所在地",这样形容理解起来应该就比较容易了。

如果想切实推进这样的计划,大概需要多长的准备时间?就我和四角大辅而言,所有的一切都是自己摸索出来的,我们前前后后总共花了二十年左右的时间。现在，科技如此发达，我觉得对有些人来说，也许五到十年就足够了。

如果你选择在市中心和郊区实践双城生活，只要足够努力，应该可以很快实现。不过，有关双城生活的各项基础工作都需要一一落实，且不要奢望这些工作能在短时间之内轻而易举地完成。如果你家里有大量的物品，或者你无法实行移动办公的工作方式，那么即使你想从明天开始就实行双城生活，也会因为存在很多问题而作罢。资金方面也是如此，如果你本身没有多少积蓄，贸然实行双城生活一定会非常辛苦。

各位怎么看待双城生活呢？我相信真正实践之后，大家都会体会到双城生活的绝妙之处。

＞用"游牧式的移动生活"来提高创造力

当年，我在美国亚利桑那州的商科学校留学的时候，认识了一些夏天会到避暑胜地科罗拉多州度假，冬天回到亚利桑那州生活的人。

他们要么是在任何地方都可以完成工作的特约商业顾问，要么是被称为"避寒族"的药妆店药剂师。由于美国各地都有药妆店，而每个药妆店都需要药剂师，为了留住优秀的药剂师，药妆店的老板会在冬季安排药剂师们在温暖的南部工作，在夏季则允许他们去避暑胜地度假。如此一来，药剂师们的生活就有如候鸟一般。

那时的我根本没有想过自己有一天也能过上和他们一样的生活，只记得当时自己被这种自由自在的生活方式所深深打动。

开始实行双城生活之后，我所面对的最大难题是交通成本。

我觉得欧美国家在交通方面有着得天独厚的优势，因为它们有大量的廉价航空公司。前几天，我乘坐廉价航空公司的飞机从伦敦飞到西班牙的马德里才150欧元。若是遇到淡季，乘客还能买到更便宜的机票，票价与高铁票价一样，甚至比高铁票价还便宜。虽然日本不如欧美国家发达，但今后应该会出现更多的廉价航空公司，所以我相信人们的交通成本还有持续压缩的空间。

廉价航空公司给我的启示，是未来所有的事物都会变得更为精简，全新的价值观便会在此基础之上构建起来。

必须走低价策略的廉价航空公司会将服务和成本减到最低，但并不是省掉所有东西。比如，美国西南航空公司将如何为乘客提供服务的决定权交给每一位机组成员，机组成员可以根据自己的特长和喜好提供服务，有的机组成员还会为乘客高歌一曲或是提供变装表演。丰富有趣的服务方式让美国西南航空公司的人气直线上升。

当然，不同的航空公司会根据各自的出发点采取不同的经营方式。廉价航空公司之所以要压缩成本，并不是因为经营上出现了问题，迫不得已才这么做，主要是想精简冗务，为乘客提供优质的服务，让每一位乘客都能感受到幸福。这样的做法不正符合新时代的价值观吗？

从现在开始，我们可以将"游牧式的移动生活"正式列为我们的一种生活方式。正在实践并享受这种生活方式的最好例子，是影星布莱德·皮特和安吉丽娜·朱莉夫妇。他们除了抚养自己的三个儿女以外，还收养了三名分别来自柬埔寨、越南、埃塞俄比亚的孤儿。皮特夫妇大部分时间生活在洛杉矶，有时候会在法国南部的普罗旺斯和奥地利的维也纳生活，有时候还会居住在电影外景地附近，可以说是在全世界游牧式地生活。（布莱德·皮特和安吉丽娜·朱莉已于2016年9月宣布离婚。——编者注）

对于这样的生活方式，布莱德·皮特认为："让孩子们接触到伟大的文化以及不同的宗教和生活方式，是对他们最好的教育。"

不只对孩子是如此，对成人来说也是这样。游牧式的移动生活能将我们的头脑打磨得更敏锐。借由敏锐的头脑和灵活的思维，我们将会找到一种更能适应时代变化、包含工作方式在内的生活方式。

以前，所谓"移动生活"，似乎只与出差或旅行等有具体主题的活动相关，现在，它与我们日常的实际生活息息相关。所以，请在自己的生活中尝试一下这种生活方式，在不同的地方工作或是生活，就算一周一次也可以。我相信你很快就会感受到一种前所未有的刺激，随后便会萌生出全新的想法。

➢ 调到国外去工作是一种全新的工作方式

一提到工作调动，大概百分之九十九的人想到的是在国内变动工作，其实许多大公司的工作调动是指将员工调到国外去工作。调到国外去工作是一种全新的工作方式，能够有机会到公司设立的海外分公司工作，或者到外企工作，能够在国外的总公司工作就很不错，或者在国外日本人经营的公司工作也不错。

在国外工作能够接触到不同的人种、文化和生活方式，这与一周一次的双城生活相比，会更具刺激性。

我在北欧采访时，就有不少北欧人告诉我他们的愿望之一就是调到国外去工作。

首先，在国外工作应该很有趣。其次，在国外生活可以了解当地的文化和风俗习惯。对孩子来说，在国外生活可以让他们多学一门语言，这可以使他们的世界变得更加广阔。我想这些都是非常重要的。

——埃尔多·德鲁纳/芬兰/诺基亚公司员工

毕业后我想去加拿大或澳大利亚从事与地质学相关的工作，主要是因为国外有比较好的工作。当然，我最终会回到瑞典工作。

——费利克斯·马可斯基/瑞典/学生

中村浩介把三十岁当作自己人生的转折点，辞去BEAMS（日本著名的潮流百货店品牌——编者注）店员的工作之后，来到芬兰开了一家小店，从事日本家具及杂货的销售。他告诉我他注册公司时仅持有语言学校的留学签证。

只要有心去做，事情并没有想象的那么难。开公司只需要六十五欧元，如果营销策略足够好，也许还能获得贷款。

——中村浩介/芬兰/家具、杂货店经营者

现在，日本企业正在积极地向海外拓展市场，每家公司都在争抢优秀的人才。和我的学生时代相比，现在的日本人到国外工作的机会高出好几十倍。

如此一来，在入职工作和接受工作调动的时候，我们应该把目光投向国外。当然，申请调到海外去工作的前提是员工需要具备良好的语言能力。一个人如果会说英语或中文，他能够主动选择的公司和工作类型就会很多。

当然，关于工作调动，除了选择调到国外去工作之外，我们还可以选择从市中心调到郊区工作。

虽然随便找一个位于郊区的公司也不错，但最好还是选择在东京设有总部的分公司工作。一般来说，总公司和分公司的员工在薪酬待遇上并没有太大差别，而郊区的居住成本与市中心的相比要低很多，居住环境也更舒适。事实上，公司总部设在东京，选择前往北海道、冲绳、福冈等地分公司工作的人，他们中的很多人都有"不想再回到东京"的想法。

按照过去的价值观，在东京工作的人通常只会考虑调到东京范围内（或通勤圈以内）的公司工作。不过只要稍微改变一下想法，我们不仅能得到很多到郊区分公司工作的机会，还能充分运用大都市和郊区之间的生活成本差异来帮助我们更好地生活。

在美国留学的时候，我与家人朋友之间的联络沟通主要通过写信，如果打国际长途，每个月就要多花十万日元左右。现在，我们可以通过电子邮件、Skype（斯盖普）等多种即时通信工具与人交流，过去因为距离产生的成本、负担和压力已经被大幅度减少或减轻。

> **能不能把"喜欢做的事情"当成工作**

我时常会在杂志上看到一些前辈劝导人们"把兴趣当作工作"。我不赞同这种主张，因为打破工作与娱乐之间的界限原本就不容易。

以我的朋友四角大辅的经历为例，飞钓原本是他的兴趣爱好，因为他在新西兰过着双城生活，再加上他本人有着卓越的营销能力，不知不觉中，他的兴趣爱好就变成了他的新工作，但这并不代表他一开始就有这样的计划。

如果生活方式和自身实力能够得到完美的结合，有时候兴趣也可以变成工作。

过去，我只是把喝红酒当作一种兴趣。后来我凭借写作和演讲所积累的媒体资源，运用在工作中所学到的经营技巧，结合其他条件，非常偶然地把品红酒变成了工作。这是我之前从未想过的。

以我的个性来说，如果我从一开始就把品红酒当作工作来做，估计没几天就厌倦了。因为一旦把喜欢做的事情和收益挂钩，喜欢做的事情就会立即变得面目可憎。若是我从一开始就抱着"以后要从事与红酒相关的工作"的心态来学习红酒知识，想必我的转行不会那么顺利。

我在丹麦采访过网页设计公司的职员汤姆斯·佛洛斯

把兴趣变成工作

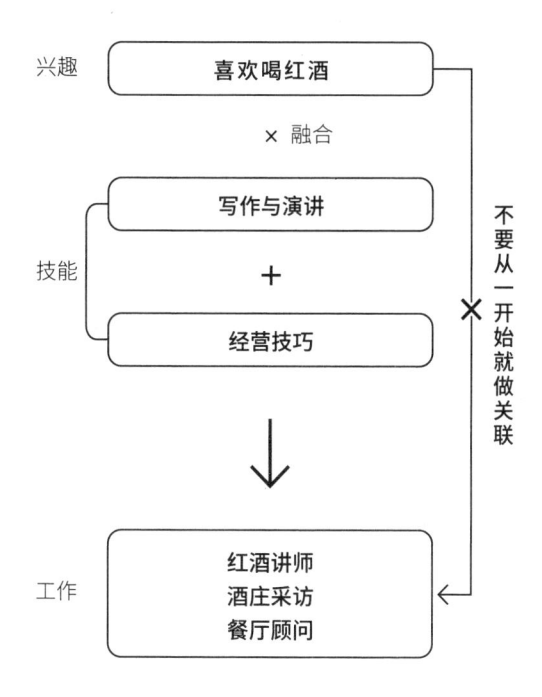

```
兴趣 ──→ 喜欢喝红酒 ─────────┐
                          │
         × 融合            │
                          │ 不
技能 ┌── 写作与演讲          │ 要
     │                    │ 从
     │     +              × 一
     │                    │ 开
     └── 经营技巧           │ 始
              │           │ 就
              ↓           │ 做
                          │ 关
工作     红酒讲师           │ 联
         酒庄采访 ←─────────┘
         餐厅顾问
```

> ⓘ 从事能给我们带来成就感的工作，
> 提高我们的工作技能，
> 最终将个人的兴趣变成工作是最理想的！

特，我觉得他的工作模式非常完美。他认为："社会上有两种人，一种人为了生存被迫去工作，另一种人因为工作很有趣所以才去工作。我属于因为工作很有趣所以选择去工作的那种人。"

选择自己觉得有趣的事情去工作，掌握了各种工作技能之后，突然发现不知不觉间自己的兴趣早已变成了工作。这应该是最理想的情况。

当然也有比较幸福的人，他们的兴趣和工作从一开始就完全一致，但我从未见过盲目地把兴趣当作工作，最终还能够顺利成事的人。

无论做什么工作，我们都要以培养自己的个人能力和商业技能为第一要务。如果没有这样的基本认知，抱着"我只做自己喜欢做的事情，讨厌的事情我决不去做"的态度去工作，这样做无疑是鼠目寸光。目光短浅的人是不可能在工作上获得成长的。

▶ 幸福感强的人不容易生病

"享受生活的男性不容易罹患脑中风。"我曾在2009年10月5日的《大阪新闻》上看到一篇以这种观点为标题的报道。

日本厚生劳动省曾针对12万名40～69岁的日本国民进行

过"你是否觉得快乐"的调查，并且持续追踪了12年。调查结果显示：觉得不快乐的男性罹患脑中风的概率是觉得快乐的男性的1.22倍，死亡率则是后者的1.75倍；前者罹患心绞痛、心肌梗死的概率是后者的1.28倍，死亡率则是后者的1.91倍。

从调查数据来看，觉得快乐与觉得不快乐的女性在罹患脑中风、心绞痛、心肌梗死的概率上似乎没有明显差异，但快乐的人，也就是幸福感强的人的确不太容易生病。

从觉得快乐的男性和觉得不快乐的男性的死亡率相差近一倍来看，情绪对人的健康有着不可估量的影响。

在过去，日本人的生活方式是拼命工作、疯狂购物。他们认为这样的生活才是幸福的生活。泡沫经济时期日本流行过一句话："你能二十四小时持续战斗吗？"这句话隐藏着另一层意思：变成一天到晚为公司工作的"企业斗士"是应当的。拼命工作也许能换来优渥的薪水、终身雇佣合同和丰厚的退休金，但是到了一定的年龄，可能就会因为过度劳动、生病而被死神垂青。所以，我们要注意拼命工作所带来的健康风险。

现在，即使拼命工作也未必能获得丰厚的薪水，而罹患疾病的风险却会持续增加。我认为这是需要大家慎重面对的事实。

在北欧各国采访时，我遇到了妮娜·可妮安达。她曾经在以策划各种讲座（以企业为对象）的公司担任营销顾问，但公司经常要求她加班，所以她觉得这份工作不是自己真正想要从事的。

我当时想让自己过得幸福，所以虽然只是单身一人，我还是在湖边买了一套大房子，还买了一辆车，每天开车一百公里去公司上班。因为要承受七八小时的"辛苦"，所以我想尽办法犒劳自己。

——妮娜·可妮安达/芬兰/Littala出版社职员

　　一开始，她觉得只要买一套大房子和一辆车，就可以补偿工作所带来的辛苦，后来她幡然醒悟："我终于意识到，金钱对我来说没有任何价值。"

　　后来因为身体状况出了问题，她便借此变卖了房子，移民加拿大。现在，她回到芬兰，住在一间很小的房子里，在一家陶器制造厂做压模工作。虽然这份工作比之前的工作要忙，工资也不如以前丰厚，且没有汽车可以代步，但是这份工作能给她带来成就感，所以她觉得自己现在非常幸福。

　　毫无疑问，无论是过去还是现在，我们都应该认真对待工作。如果只是盲目追逐过往的幸福模式，我们就有可能误入歧途。也许我们不仅得不到任何回报，反而会落下一身疾病。过去日本人所抱持的"权衡拼命工作和身体健康"这种想法现在已经无法实现，从妮娜的谈话中我们可以发现，今天的幸福模式已经发生了翻天覆地的变化。

＞幸福模式矩阵图

从经济高速增长时期到现在，日本的幸福模式经历了哪些变化呢？我们将前面所提到的内容用矩阵图的形式来总结一下。

请参考纵轴（富足◀━━▶简单）、横轴（物质◀━━▶精神）的矩阵图（参见P177）来进行理解。

在1970年—1980年的十年里，即经济高速增长时期，人们理解的"幸福"含义如矩阵图上"1"的区域所示。在这一时期，人们认为物质的富足能带来精神的充实，所以纷纷用添置物品来增强自己的幸福感。

等到各类物品都添置得差不多了，人们物质上虽然丰富，精神上却非常贫瘠，这就是矩阵图上"2"的状态。在这个阶段，乍一看，似乎人人都过着富足的生活，但实际上很多人都处于压力巨大、精神紧张、对未来深感不安的失衡状态中。这个阶段大概从泡沫经济时期开始，直到2000年为止。

在近十年的时间里，由于日本经济的衰退，人们的购物意愿逐渐降低，这就是矩阵图上"3"的状态——因为别无他法，不得不做出这样的选择，逐渐回归到过去所认为的"简单"状态。

接下来，我们应该追求的是"物质简单，精神富足"，也就是从矩阵图的左下一直延伸到右上"4"的区域。这正是我们所说的"新简单幸福模式"。

　　人们意识到"住豪华房子,开名贵汽车"的陈旧幸福观已经失去意义,所以主动选择了"新简单幸福模式"。我想,幸福指数较高的北欧、新西兰和澳大利亚等国家和地区,应该与日本一样经历过相似的过程,最后才来到矩阵图上"4"的区域。

　　例如,芬兰的泡沫经济时期和日本一样也是20世纪80年代,当时芬兰举国上下都陷入借钱、还贷的处境里。我采访过芬兰作家提姆·莫尼纳,当时他的父亲经营着一家照相馆,受泡沫经济的冲击而背负了沉重的债务。

**　　我想起我的童年时期**(20世纪80年代)**,家里的汽车总是崭新的,父母不断地买回来各种家用电器。当经济开始变得不景气时,一切都化为了乌有,所以我从很小的时候开始就明白了金钱的意义和本质。**

——提姆·莫尼纳/芬兰/作家、翻译家

　　2000年时,芬兰的经济情况非常好,但是尝过泡沫经济滋味的芬兰人不会因为重新拥有了丰富的物质而感到幸福,而开始重视旅行等精神层面的追求,和20世纪80年代出生的日本年轻人现在的做法一样。

　　接下来的日本会朝着什么方向发展呢?

幸福模式矩阵图

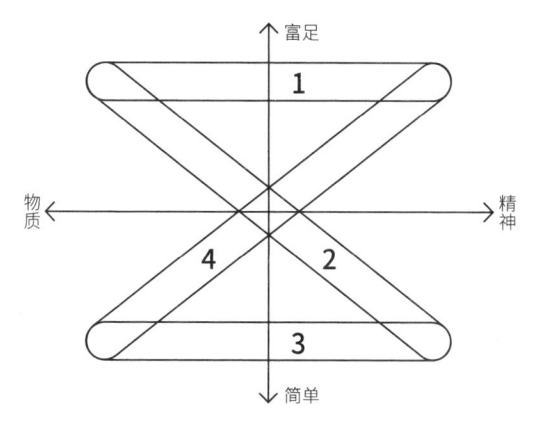

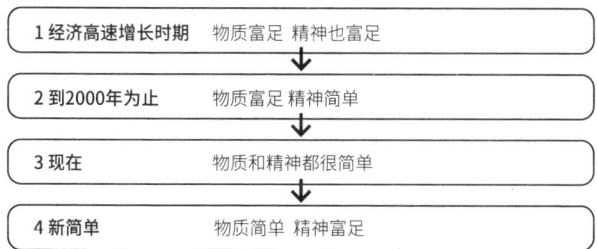

```
         ↑ 富足
        ╱│╲
       ╱ │ ╲  1
      ╱  │  ╲
物质 ←────┼────→ 精神
      ╲  │  ╱
       4 │ 2
        ╲│╱
         3
       ↓ 简单
```

1 经济高速增长时期	物质富足 精神也富足

↓

2 到2000年为止	物质富足 精神简单

↓

3 现在	物质和精神都很简单

↓

4 新简单	物质简单 精神富足

> ❗ 从经济高速增长时期到现在为止，日本人的幸福模式经历了从区域1到区域3的发展过程。现在，日本人所期待的是区域4——"新简单幸福模式"。

＞减速生活：一个让人怦然心动的选择

我在书中一直强调，拼命赚钱，再把拼命赚来的钱努力花掉，像这样用力"加速"的时代已经结束了，现在我们正逐渐进入一个"减速"的时代。

"减速"的概念曾在2000年出版的《浪费的美国人》(朱丽叶·B.肖尔著，岩波书店)一书中出现过。关于"减速生活"，维基百科的解释是："与生活方式相关的社会潮流、社会倾向之一。告别过度的竞争和长时间的工作、物质主义、唯物的生活环境，转而选择悠闲自在零压力的生活方式，这种生活方式就是减速生活。"

只是从这样的解释来看，"减速生活"似乎只是指放慢生活的节奏而已。这样的解释使"减速生活"给人一种后继无力的感觉。就像有人说"我受够了工作和职场的竞争，即使年收入只有原来的一半，我也要慢慢开一家属于自己的小店"，这样的人选择另一种生活完全出于"我不喜欢甲工作(生活)，所以要换成乙工作(生活)"的迫不得已而为之。

生活不应该是这样的，我们要主动做出选择，因为"这样选择能让我感到快乐或使我兴奋"。虽然那样的选择未必能给自己带来丰厚的金钱，但是因为内心很开心，所以工作起来会比以前更加用心。

说到这里,我想大家应该明白,不论是"减少不必要的物品,过淳朴的生活",还是"不被金钱、场所和时间所束缚",如果我们要做出正向的选择,就必须大刀阔斧地舍弃很多东西,而这正是为未来所做出的减速选择。

因为感觉疲倦,不想再拼命工作,渴望拥有更多的时间……如果我们是因为想要逃避从而做出这样的选择,那么很显然是不可能获得幸福的。

从"物质富足"到"精神充实",幸福的模式已经悄然发生改变。如果期望自己的心灵感受到全新的悸动,我们就必须主动做出选择。如果做不到这一点,就只能继续以前平淡无奇的生活,整天抱怨:"日子怎么那么无聊?"

有些人因为看不惯主管而想跳槽。如果出于消极的理由选择跳槽,最后可能会在新公司遭遇和旧公司一模一样的情况:"在新公司还是和主管相处得不愉快,早知如此,还不如待在原来那家公司呢……"

幸福总是站在正向选择的那一边。

为了得到快乐和人生的乐趣,我们需要"积极主动"地做出选择,然后再减少自己"应该"做的事和所持有的物品。

这便是通往幸福的捷径。

LESS IS MORE - JIYU NI IKIRU TAME NI, SHIAWASE NI TSUITE KANGAETE MITA
by NAOYUKI HONDA
Copyright © 2012 NAOYUKI HONDA
Chinese（in simplified character only）translation copyright © 2015 by Beijing Alpha Books Co., Inc.
All rights reserved.
Original Japanese language edition published by Diamond, Inc.
Chinese（in simplified character only）translation rights arranged with Diamond, Inc.
through BARDON-CHINESE MEDIA AGENCY.

版贸核渝字（2019）第161号

图书在版编目（CIP）数据

少即是多：北欧自由生活意见：新版 /（日）本田直之著；李雨潭译. -- 重庆：重庆出版社，2020.5
ISBN 978-7-229-14893-5

Ⅰ.①少… Ⅱ.①本…②李… Ⅲ.①人生哲学—通俗读物 Ⅳ.①B821-49

中国版本图书馆CIP数据核字（2020）第020122号

少即是多：北欧自由生活意见（新版）

[日] 本田直之　著
李雨潭　译

策　　划：华章同人
出版监制：徐宪江
责任编辑：陈　丽
责任印制：杨　宁
营销编辑：王　良　黄聪慧
装帧设计：潘振宇

重庆出版集团
重庆出版社 出版
（重庆市南岸区南滨路162号1幢）
三河市嘉科万达彩色印刷有限公司　印刷
重庆出版集团图书发行有限公司　发行
邮购电话：010-85869375
全国新华书店经销

开本：880mm×1230mm　1/32　印张：5.75　字数：140千
2020年5月第1版　　2024年2月第6次印刷
定价：49.80元

如有印装质量问题，请致电023-61520678

版权所有，侵权必究

L   E   S   S

I   S

M   O   R   E